Tarik Ainane
Hafida Hanine
Ayoub Ainane

Aumentar o valor da propriedade intelectual através de patentes

Aumentar o valor da propriedade intelectual através de patentes

Tarik Ainane
Hafida Hanine
Ayoub Ainane

Aumentar o valor da propriedade intelectual através de patentes

Convergência da inovação e da invenção

ScienciaScripts

Imprint

Any brand names and product names mentioned in this book are subject to trademark, brand or patent protection and are trademarks or registered trademarks of their respective holders. The use of brand names, product names, common names, trade names, product descriptions etc. even without a particular marking in this work is in no way to be construed to mean that such names may be regarded as unrestricted in respect of trademark and brand protection legislation and could thus be used by anyone.

Cover image: www.ingimage.com

This book is a translation from the original published under ISBN 978-620-6-72155-0.

Publisher:
Sciencia Scripts
is a trademark of
Dodo Books Indian Ocean Ltd. and OmniScriptum S.R.L publishing group

120 High Road, East Finchley, London, N2 9ED, United Kingdom
Str. Armeneasca 28/1, office 1, Chisinau MD-2012, Republic of Moldova, Europe
Printed at: see last page
ISBN: 978-620-8-09832-2

AUMENTAR O VALOR DA PROPRIEDADE INTELECTUAL ATRAVÉS DAS PATENTES: CONVERGÊNCIA DA INOVAÇÃO E DA INVENÇÃO
PROFESSOR TARIK AINANE, ESCOLA SUPERIOR DE TECNOLOGIA DE KHENIFRA, UNIVERSIDADE SULTAN MY SLIMANE, MARROCOS.
PROFESSORA HAFIDA HANINE, FACULDADE DE CIÊNCIAS E TECNOLOGIA BENI MELLAL, UNIVERSIDADE SULTAN MY SLIMANE, MARROCOS.
PROFESSOR AYOUB AINANE, ESCOLA SUPERIOR DE TECNOLOGIA DE KHENIFRA, UNIVERSIDADE SULTAN MY SLIMANE, MARROCOS.

PREFÁCIO

Numa época que assenta na inovação e na criatividade como meios para a competitividade económica e o desenvolvimento social, a propriedade intelectual, ou mais precisamente as patentes, estão a ganhar uma enorme importância. As patentes já não podem ser consideradas como um mero pedaço de papel legal; são uma ferramenta estratégica que permite transformar uma invenção num bem tangível, físico e economicamente viável.

No entanto, a complexidade da regulamentação, os custos proibitivos do registo e a necessidade de exercer os direitos de forma atempada e direcionada significam que os direitos de patente são um mecanismo de proteção altamente subutilizado e mal compreendido.

Valorização da propriedade intelectual através das patentes: Convergindo Inovação e Invenção foi escrito para preencher esta lacuna, fornecendo uma exposição abrangente e aprofundada de todas as questões relevantes para a gestão de patentes. O livro está estruturado de forma a ser útil a um vasto leque de leitores, incluindo advogados, engenheiros, empresários, bem como qualquer outro aprendiz que deseje conhecer e aprender como funciona o processo de valorização da inovação.

Na Introdução geral, lançaremos as bases da nossa reflexão, dando ao leitor uma definição da função da patente no contexto geral da inovação. Esclareceremos como a patente pode ser um instrumento de crescimento económico e de política pública, salientando ao mesmo tempo os problemas associados à sua utilização.

O Capítulo 1 trata dos Conceitos Básicos. É aqui que o leitor terá uma ideia clara e sucinta dos termos-chave envolvidos na propriedade intelectual e no registo de patentes. O capítulo desenvolverá a noção de invenção patenteável, estado da técnica, para além dos pré-requisitos de patenteabilidade, e explicará claramente a importância destes conceitos no processo de valorização.

O Capítulo 2 é dedicado ao Regime Jurídico das Patentes, uma das principais áreas de conhecimento relativas ao quadro regulamentar de proteção das invenções. Este capítulo explica detalhadamente as disposições regulamentares relativas à concessão, proteção e exercício das patentes à luz do direito internacional e nacional em vigor.

O depósito de uma patente, de que o Capítulo 3 é a versão, é o ato mais importante que qualquer inventor ou empresa pode fazer para proteger uma invenção. Aqui serão explicados os requisitos de registo, o que é necessário fazer para obter a melhor proteção possível e os litígios e problemas burocráticos que podem surgir. Este capítulo será o seu manual de orientação para navegar com sucesso no labirinto do registo de patentes. A Gestão Estratégica de Patentes, discutida no Capítulo 4, é a essência do aumento de valor. Explica como integrar as patentes na estratégia global de uma empresa, como reforçar a posição competitiva da empresa através das patentes e como extrair o máximo valor das patentes através das melhores práticas. Também discutiremos abordagens, preços e medidas de proteção necessárias para preservar os direitos de patente. O Capítulo 5 trata da gestão de licenças e acordos de patentes. A partir do momento em que uma patente é concedida, torna-se claro se existe ou não uma oportunidade para o seu titular a explorar comercialmente. O capítulo aborda os tipos de licenças, as técnicas de negociação e os tipos de acordos, incluindo os acordos de licenciamento, que podem ser assinados para explorar plenamente os direitos de patente. Discutiremos também os aspectos jurídicos dos acordos de licença e as medidas preventivas que podem ser adoptadas para evitar litígios.

Por último, o Capítulo 6 trata inteiramente da avaliação das patentes por razões sociais, políticas e económicas. É aqui que abriremos o foco para discutir os impactos mais alargados das patentes na sociedade. Discutiremos a inovação social possibilitada pelas patentes, os impactos que têm nas políticas públicas e a importância das patentes. Este capítulo fornecerá uma visão geral dos impactos das patentes, indo além das protecções legais, e tentará mostrar como podem ser utilizadas como meios para o bem público.

Este livro é um trabalho pragmático e uma meditação séria sobre o estatuto das patentes no mundo moderno. Ao questionar o locus da criatividade e da invenção, inspira efetivamente o leitor a ver o sistema de patentes mais como uma tecnologia visionária do que analítica, capaz de estimular uma economia como motor de estratégia e apoiar um desenvolvimento social equilibrado. "Valorisation de la Propriété Intellectuelle par le Brevet: Convergence de l'Innovation et de l'Invention" está, portanto, destinado a tornar-se um manual para todos aqueles que acreditam no poder das ideias e para quem transformar abstracções em conceitos e coisas tangíveis é um modo de vida. Quer se trate de um inventor, de um advogado, de um empresário ou, simplesmente, de um que procura dominar os pormenores da inovação, este livro guiá-lo-á no seu trabalho e ajudá-lo-á a ter sucesso no difícil mas promissor mundo das patentes.

ÍNDICE

INTRODUÇÃO

Tirar o máximo partido das patentes e da inovação é um processo essencial no panorama industrial atual, moldado por uma interligação complexa entre legislação, estratégias operacionais e avanços tecnológicos. As patentes, na sua qualidade de proteção jurídica e de incentivo financeiro, estimulam os inovadores e promovem a difusão do conhecimento. A fase de registo da patente, essencialmente técnica e regida por leis jurídicas, regista e submete a invenção a uma avaliação da sua originalidade, viabilidade e utilidade. Este processo dá origem a um roteiro tecnológico pormenorizado, que define as fases de desenvolvimento, implementação e comercialização da invenção, lançando assim as bases para a sua exploração posterior. A exploração industrial das patentes é de importância crucial para transformar os conceitos patenteados em produtos ou serviços comercializáveis, o que exige frequentemente um investimento substancial em investigação e desenvolvimento, bem como estratégias de marketing para maximizar o seu impacto económico. No entanto, a proteção dos direitos de propriedade intelectual continua a ser um grande desafio, uma vez que a contrafação e a violação de patentes podem comprometer os benefícios económicos dos inventores. Os desafios actuais na valorização das patentes incluem a gestão eficiente das carteiras de patentes, a monetização adequada das invenções e a adaptação às tecnologias emergentes. As tendências apontam para uma globalização crescente das patentes, exigindo uma abordagem mais ágil e estratégica da valorização, de modo a manter a competitividade no mercado global em constante mutação. A perspetiva prevista incorpora uma maior convergência entre os vários sectores industriais públicos e privados, uma digitalização profunda dos processos de valorização e uma ênfase no impacto social e ambiental das inovações. A política governamental varia de acordo com os recursos e as estratégias de desenvolvimento de cada país, enquanto as questões relacionadas com a exploração das patentes abrangem a regulamentação e a proteção nacionais e internacionais. Encontrar um equilíbrio entre a proteção dos direitos dos inventores e a divulgação do conhecimento continua a ser um desafio central neste domínio. Os contextos em torno das patentes exigem uma abordagem estratégica, influenciada pelos avanços tecnológicos, pela dinâmica económica e pelas considerações jurídicas e sociais de todos os sectores da sociedade. A compreensão e a gestão eficazes são de extrema importância para as empresas e os inovadores num mundo em constante mudança. Este livro tem como objetivo explorar as muitas facetas desta dinâmica complexa, centrando-se na convergência entre inovação e invenção através do prisma das patentes.

CAPÍTULO 1
CONCEITOS BÁSICOS

I. Conceitos-chave :

A compreensão destes conceitos-chave é crucial para entender o valor das patentes. Antes de explorar os fundamentos de "Valorização da propriedade intelectual através das patentes: Convergência da Inovação e da Invenção", é necessário definir alguns termos-chave para compreender o sistema técnico envolvido.

• Propriedade intelectual :

A propriedade intelectual é um conjunto de direitos legais concedidos aos criadores e inventores para protegerem as suas criações intelectuais. Engloba várias formas de proteção, tais como patentes, direitos de autor, marcas registadas e desenhos industriais, com o objetivo de estimular a criatividade e a inovação, concedendo simultaneamente aos inventores direitos exclusivos para explorar economicamente as suas obras.

• Invenção:

Uma invenção é uma ideia nova e original que resolve um problema técnico específico, dando assim início ao processo de inovação. Pode assumir a forma de um produto, de um processo, de um dispositivo ou de um método. Para ser patenteável, uma invenção deve ser nova, envolver uma atividade inventiva que não seja óbvia para um perito no domínio em causa e demonstrar aplicabilidade industrial.

• Inovação:

A inovação é a criação, adoção e difusão de novas ideias, produtos, serviços ou práticas que acrescentam valor. É a tradução de uma ideia em realidade, através da implementação de uma solução nova ou melhorada para um problema existente. A inovação pode assumir diferentes formas, como a tecnológica, a de processo, a de produto ou a organizacional.

• Patente :

Uma patente é um título de propriedade industrial concedido por um instituto de patentes competente, que confere ao seu titular um direito exclusivo sobre uma invenção durante um determinado período de tempo. Por outras palavras, confere ao inventor o poder de proibir terceiros de fabricar, utilizar ou vender a sua invenção sem autorização. As patentes são geralmente concedidas a invenções técnicas novas, não óbvias e com aplicabilidade industrial.

II. A importância da transferência de tecnologia :

A importância da transferência de tecnologia reside no seu papel central no processo de inovação, actuando como base para transformar as invenções em sucessos comerciais. Este processo representa a progressão de uma simples ideia para a criação de um produto ou serviço que satisfaça as necessidades do mercado. O objetivo desta secção é destacar a base da transferência de tecnologia na transição de ideias para patentes comercial e economicamente viáveis e explicar como ajuda a otimizar o valor económico destas inovações.

II.1. Transformar a ideia em valor comercial e patenteável:

A motivação do desenvolvimento patenteável reside na transformação de uma ideia numa realidade comercial e económica, um processo essencial para os agentes de inovação e os empresários. Esta transição tem como objetivo a criação de valor económico através da obtenção de uma patente que proporciona uma estratégia de proteção da invenção e de exclusividade de exploração. As patentes oferecem um conjunto de oportunidades de exploração: o desenvolvimento de produtos ou serviços baseados na invenção, a concessão de licenças a outras empresas em troca de royalties, ou mesmo a sua transferência para terceiros. Para além do seu valor financeiro, as patentes consolidam a reputação e a atratividade de uma empresa junto dos investidores e dos parceiros comerciais. Constituem uma barreira à entrada no mercado, reforçando a posição do titular e contribuindo para a estratégia global de crescimento da empresa.

II.2. Transferência de tecnologia :

O desenvolvimento tecnológico visa converter uma invenção num produto ou serviço técnica, económica e comercialmente viável. Este processo implica a otimização da conceção, o cumprimento das normas e regulamentações nacionais e internacionais em vigor, a avaliação do mercado e a seleção dos canais de distribuição adequados. Inclui também considerações fundamentais relacionadas com aspectos culturais, especificidades regionais, contextos ambientais e impactos socioeconómicos.

A valorização empresarial visa atribuir valor económico às ideias patenteáveis, transformando-as em fontes de rendimento e lucro. Uma valorização adequada pode transformar as patentes em activos valiosos, tanto para os inventores individuais como para as pequenas, médias e grandes empresas. Podem ser adoptadas várias abordagens de valorização:

• **Desenvolvimento interno :**

Os titulares de patentes podem optar por explorar as suas invenções criando uma entidade específica ou integrando-as nas suas actividades actuais. Esta estratégia permite-lhes beneficiar diretamente das suas invenções, desenvolvendo produtos ou serviços com base nas mesmas.

• **Concessão de licenças de exploração :**

Uma alternativa para os titulares de patentes é conceder licenças de utilização a outras empresas. Isto permite-lhes gerar rendimentos, autorizando terceiros a utilizar as suas invenções em troca de royalties. Estas licenças representam uma fonte de rendimento estável, incentivando simultaneamente uma maior divulgação das invenções no mercado.

• **Transferência ou venda de patentes :**

Em alguns casos, os titulares de patentes podem optar por ceder ou vender as suas patentes a outras empresas ou investidores. Esta pode ser uma opção atractiva para os inventores que procuram um ganho financeiro imediato ou que pretendem concentrar-se em novas oportunidades de inovação.

III. Inovação fechada - inovação aberta :

A inovação fechada e **a inovação aberta** são duas abordagens distintas para o desenvolvimento de novas ideias, produtos ou serviços nas empresas ou organizações. Cada uma tem as suas próprias caraterísticas, vantagens e desafios.

III.1. Inovação fechada :

III.1.1. Definição:

A inovação fechada é uma abordagem tradicional em que o processo de inovação ocorre exclusivamente dentro da empresa. Todas as fases de conceção, desenvolvimento e comercialização de novas ideias são controladas e realizadas internamente, sem envolver entidades externas.

III.1.2. **Caraterísticas :**

• **Controlo interno:** Todas as actividades de investigação, desenvolvimento e comercialização são levadas a cabo pelos empregados da empresa, sob a supervisão direta da direção.

• **Confidencialidade:** As informações relativas às inovações em curso são estritamente protegidas, reduzindo o risco de fuga de informações sensíveis.

• **I&D interna:** A investigação e o desenvolvimento (I&D) são efectuados principalmente dentro da empresa, com investimentos substanciais em laboratórios, pessoal e tecnologias internas.

• **Exclusividade:** As inovações são consideradas como activos exclusivos da empresa, o que lhe permite manter uma vantagem competitiva única.

III.1.3. **Vantagens :**

• **Segurança das ideias :** O risco de roubo de ideias ou de tecnologias é minimizado graças à total confidencialidade dos projectos em curso.

• **Controlo total:** A empresa tem controlo total sobre todo o processo de inovação, desde a ideia até ao lançamento no mercado.

• **Propriedade intelectual:** A empresa mantém todos os direitos sobre as suas inovações, o que significa que pode utilizar exclusivamente patentes, marcas registadas e outras formas de propriedade intelectual.

III.1.4. **Desvantagens:**

• **Custo elevado:** A inovação fechada exige recursos significativos, nomeadamente em termos financeiros, de infra-estruturas e de mão de obra.

• **Risco de isolamento:** Ao limitar a inovação aos recursos internos, a empresa pode perder oportunidades para novas ideias ou tecnologias emergentes provenientes do exterior.

• **Tempos de desenvolvimento longos:** O desenvolvimento de novas ideias pode demorar mais tempo devido aos recursos limitados disponíveis internamente.

III.2. **Inovação aberta :**

III.2.1. **Definição:**

A inovação aberta é uma abordagem que incentiva a integração de conhecimentos, ideias e tecnologias tanto de dentro como de fora da empresa. O objetivo é tirar partido dos recursos externos, como as empresas em fase de arranque, as universidades, os fornecedores e até os clientes, para acelerar o processo de inovação e aumentar a sua diversidade.

III.2.2. **Caraterísticas :**

• **Colaboração externa:** As empresas colaboram com parceiros externos, como institutos de investigação, empresas em fase de arranque ou clientes, para co-criar novas ideias ou tecnologias.

• **Partilha de riscos:** Os custos e os riscos associados à inovação podem ser partilhados entre vários parceiros.

• **Acesso a recursos diversificados:** Ao abrirem-se ao mundo exterior, as empresas têm acesso a recursos, competências e tecnologias de que não dispõem internamente.

• **Flexibilidade:** A inovação aberta significa que as tecnologias ou ideias desenvolvidas noutros locais podem ser incorporadas rapidamente, reduzindo o tempo necessário para colocar uma inovação no mercado.

III.2.3. **Vantagens :**

• **Acelerar a inovação:** Ao explorar ideias e tecnologias externas, as empresas podem acelerar o desenvolvimento e a comercialização de novos produtos ou serviços.

• **Redução de custos**: A partilha dos custos de desenvolvimento com parceiros externos pode reduzir os encargos financeiros para todos os envolvidos.

• **Maior diversidade de ideias:** Ao integrar perspectivas externas, a inovação torna-se mais rica e diversificada, aumentando as hipóteses de sucesso.

• **Adaptabilidade:** As empresas podem adaptar-se mais facilmente às mudanças do mercado através da adoção de inovações externas.

III.2.4. **Desvantagens:**

• **Questões de confidencialidade:** A partilha de informações com parceiros externos pode implicar riscos de divulgação ou roubo de propriedade intelectual.

• **Complexidade da gestão:** A coordenação entre vários parceiros externos pode tornar-se complexa e exigir grandes esforços em termos de gestão de projectos e de comunicação.

• **Partilha de benefícios:** Os benefícios das inovações têm frequentemente de ser partilhados com os parceiros, o que pode reduzir os ganhos de cada parte.

Tabela 1.1: Comparação entre inovação fechada e aberta.

Aspeto	Inovação fechada	Inovação aberta
Processo de inovação	Interno e exclusivo	Colaboração interna e externa
Controlo	Total da empresa	Partilhado com os parceiros
Segurança de ideias	Muito elevado	Menos seguro, risco de fuga
Acesso aos recursos	Limitado aos recursos internos	Acesso a uma vasta gama de recursos externos
Tempo de desenvolvimento	Mais tempo	Potencialmente mais curto
Custos	Mais alto	Partilhado com os parceiros
Diversidade de ideias	Limitado a ideias internas	Maior diversidade graças ao contributo externo

CAPÍTULO 2
O REGIME JURÍDICO DAS PATENTES

I. Proteção jurídica das patentes :

No centro do processo de redação e de depósito estão os princípios fundamentais que garantem a proteção jurídica da propriedade intelectual sob a forma de uma patente. Em conjunto, estes princípios asseguram que apenas as inovações que satisfaçam critérios rigorosos beneficiarão de uma proteção adequada.

• O que há de novo :

Este princípio exige que a invenção não tenha sido tornada pública antes da apresentação do pedido de patente. Nenhuma informação sobre a invenção deve ser acessível ao público em geral através de publicações, conferências, vendas ou demonstrações.

• Etapa inventiva :

A questão é saber se a invenção representa um avanço não óbvio para uma pessoa especializada no domínio técnico em causa. É essencial que a invenção constitua um avanço em relação ao estado atual da técnica.

• Aplicabilidade industrial :

Uma inovação deve ser utilizável ou produzida num domínio industrial. Deve ter uma utilização prática e uma aplicação real.

• Descrição pormenorizada da invenção :

O pedido de patente deve conter uma descrição completa e precisa, com termos técnicos bem definidos, que exponha o interesse da invenção. Isto permite que os peritos na matéria a compreendam sem ambiguidades.

• Exigências específicas:

As reivindicações definem os limites da proteção concedida pela patente. Devem ser claras, sucintas e específicas, de modo a descrever a essência da invenção.

• Divulgação pública e publicação :

Uma vez concedida, a patente é geralmente tornada pública, revelando os pormenores técnicos da invenção. Isto assegura a transparência, oferecendo simultaneamente proteção jurídica.

• Período de proteção limitado :

As patentes oferecem proteção durante um período definido, frequentemente 20 anos a partir da data de apresentação do pedido de patente. Quando este período expira, a invenção entra no domínio público, acessível a todos para utilização gratuita.

II. Titulares de patentes :

Os titulares de patentes detêm direitos exclusivos sobre a sua propriedade intelectual, o que implica privilégios específicos e responsabilidades importantes em matéria de proteção, exploração e divulgação das suas invenções. O seu estatuto é acompanhado das vantagens e das responsabilidades inerentes a esta posição.

II.1. Direitos e responsabilidades dos titulares de patentes :

• Direito exclusivo de utilização :

Enquanto titulares de patentes, os inventores gozam do direito exclusivo de explorar a sua invenção. Isto dá-lhes o poder de proibir terceiros de fabricar, utilizar, vender ou importar a sua invenção sem autorização. Este direito exclusivo confere-lhes uma vantagem competitiva, garantindo que a sua invenção pode ser comercializada em segurança, protegida contra a cópia e a utilização não autorizada.

• Dever de divulgação :

Os titulares de patentes são obrigados a revelar os pormenores técnicos da sua invenção no pedido de patente. Este requisito inclui uma descrição completa e exacta da invenção, bem como reivindicações que delimitem a proteção pretendida. O objetivo desta divulgação é promover a difusão dos conhecimentos técnicos e permitir que outros intervenientes no sector se baseiem nestes avanços.

• Manutenção dos direitos de propriedade intelectual :

Os titulares de patentes têm a responsabilidade de manter os seus direitos de propriedade intelectual, pagando as taxas de manutenção exigidas e cumprindo os procedimentos de renovação de patentes. Estar atento ao período de validade da patente e garantir que esta se mantém válida significa que os direitos exclusivos podem ser usufruídos durante o período previsto."

II.2. Vantagens e responsabilidades de ser titular de uma patente :

II.2.1. Vantagens :

• Proteção jurídica :

A proteção jurídica conferida aos titulares de patentes é uma vantagem importante. Constitui uma barreira legal contra a cópia e a exploração não autorizadas das suas invenções, dando-lhes exclusividade temporária para comercializarem a sua inovação. Esta proteção impede igualmente que terceiros beneficiem de trabalhos realizados sem o seu consentimento prévio.

• Reconhecimento e credibilidade :

O estatuto de titular de uma patente traz o reconhecimento oficial da inovação e da contribuição para o desenvolvimento tecnológico. Este reconhecimento acrescido pode não só aumentar a credibilidade do inventor no seu domínio, mas também melhorar a sua reputação junto da comunidade profissional e do público.

• Potencial de receitas :

As patentes oferecem um potencial lucrativo, quer através da exploração direta da invenção, quer através de licenças concedidas a outras empresas. Os royalties recebidos através destas licenças podem representar uma fonte de rendimento significativa para os titulares de patentes, contribuindo para a rentabilidade da inovação.

II.2.2. Responsabilidades :

• Divulgação de pormenores técnicos :

Os titulares de patentes são responsáveis pela divulgação completa dos pormenores técnicos da sua invenção no pedido de patente. Esta divulgação promove a disseminação do conhecimento e permite que outros no domínio se baseiem nestes avanços anteriores.

• Respeito pelos direitos dos outros :

O respeito pelos direitos de propriedade intelectual de terceiros é outra das principais responsabilidades dos titulares de patentes. Devem efetuar uma investigação exaustiva para evitar infringir outras patentes existentes, respeitando assim os direitos dos outros na sua inovação.

III. Direitos de propriedade intelectual associados às patentes :

III.1. **Mecanismos de proteção :**

As patentes são uma forma de proteção jurídica concedida aos titulares, conferindo-lhes direitos exclusivos sobre as suas invenções. As patentes englobam mecanismos fundamentais para garantir os direitos de propriedade intelectual associados às invenções:

• Direito exclusivo de utilização :

Os titulares de patentes têm o direito exclusivo de explorar a sua invenção e de restringir qualquer utilização não autorizada por terceiros. Esta exclusividade permite-lhes controlar a comercialização e a exploração da sua criação, oferecendo uma vantagem competitiva significativa.

• Proteção contra a contrafação :

As patentes constituem uma defesa contra a infração, impedindo a utilização não autorizada da invenção por terceiros. Os titulares de patentes têm o direito de intentar uma ação judicial contra qualquer pessoa ou empresa que infrinja os seus direitos de propriedade intelectual. Os tribunais podem conceder indemnizações aos titulares de patentes em caso de infração comprovada.

• Transferência de direitos de propriedade intelectual :

Os direitos de propriedade intelectual associados às patentes podem ser cedidos ou licenciados a outras entidades. Os titulares de patentes podem vender ou transferir as suas patentes para terceiros, permitindo-lhes explorar a invenção em troca de royalties ou outras compensações financeiras. Podem também conceder licenças a empresas terceiras para utilizarem a invenção em troca de royalties.

III.2. **Período de proteção :**

O período de proteção da patente é limitado e exige procedimentos de renovação, cujos dois aspectos principais são os seguintes:

• Período de proteção :

Uma patente é normalmente protegida durante cerca de 20 anos a partir da data em que o pedido é apresentado. Durante este período, o titular da patente tem direitos exclusivos para explorar a sua invenção e usufruir dos seus direitos de propriedade intelectual.

• Obrigações de renovação :

A manutenção da proteção da patente implica o pagamento de taxas de manutenção a intervalos regulares. Estas taxas, pagas anualmente ou em intervalos específicos, variam consoante o país e o período de validade da patente. O não pagamento destas taxas pode implicar a caducidade da patente e a perda dos seus privilégios exclusivos.

Os titulares de patentes devem estar atentos às datas de renovação e ao pagamento das taxas de manutenção. Os institutos de patentes enviam normalmente avisos de pagamento, mas é da responsabilidade do titular da patente cumprir os prazos e efetuar os pagamentos necessários atempadamente.

III.3. Aspectos jurídicos das patentes no direito marroquino :

A Lei 17.97, alterada e completada pela Lei 31.05, constitui o quadro jurídico fundamental para a gestão das patentes e da propriedade industrial em Marrocos. Define os procedimentos de registo, o prazo de proteção, os direitos e obrigações dos titulares e os procedimentos de contestação e litígio em matéria de patentes. As recentes alterações a esta legislação respondem aos desafios colocados pela evolução tecnológica e à necessidade de proteger os inventores, adaptando simultaneamente os critérios de patenteabilidade e reforçando os direitos dos titulares.

III.3.1. Panorama da legislação específica em vigor :

A Lei 17.97 relativa à proteção da propriedade industrial, alterada e completada pela Lei 31.05, constitui o principal quadro jurídico que rege as patentes e a propriedade industrial em Marrocos. O objetivo desta legislação é proporcionar uma proteção adequada aos inventores, incentivando simultaneamente a inovação tecnológica. Apresentamos de seguida um resumo das principais disposições desta legislação em matéria de patentes:

• Procedimento de registo de patentes :

A legislação estabelece regras claras para a apresentação de pedidos de patentes, incluindo requisitos de forma e conteúdo. Especifica os procedimentos de registo e as taxas associadas. Define também os critérios de patenteabilidade, como a novidade, a atividade inventiva e a aplicação industrial.

• Duração da proteção da patente :

A lei especifica que o prazo de proteção das patentes é geralmente de 20 anos a contar da data de apresentação do pedido. Há também requisitos de renovação periódica, com taxas a pagar para manter a validade da patente.

• Conteúdo e limites da proteção :

A legislação delimita o âmbito da proteção conferida por uma patente, especificando os elementos que podem ser reivindicados e as condições para uma proteção alargada. Inclui igualmente motivos específicos para a rejeição de pedidos de patentes, nomeadamente em domínios como o software, os medicamentos e os métodos comerciais.

• Direitos e obrigações dos titulares de patentes :

Os titulares de patentes gozam de direitos exclusivos, incluindo o direito de proibir a exploração não autorizada da sua invenção por terceiros. A legislação também impõe obrigações, como a divulgação dos pormenores técnicos da invenção e o respeito pelos direitos de propriedade intelectual de terceiros.

• Procedimentos em caso de litígio :

Estão previstos procedimentos específicos para contestar a validade de uma patente, incluindo oposições ou recursos administrativos. A lei estabelece igualmente procedimentos judiciais para a aplicação dos direitos de propriedade intelectual e a resolução de litígios em matéria de patentes.

III.3.2. Alterações e aditamentos para ter em conta a evolução tecnológica e as necessidades de proteção dos inventores :

A Lei 17.97, alterada e complementada pela Lei 31.05 (ou qualquer outra legislação relevante) pode incluir alterações e suplementos que reflictam os desenvolvimentos tecnológicos e as necessidades de proteção dos inventores. Tais alterações podem incluir:

• Extensão da patenteabilidade a novos domínios tecnológicos :

A legislação foi adaptada para incluir os avanços em domínios emergentes como as tecnologias da informação, a biotecnologia e a inteligência artificial, alargando assim o âmbito da patenteabilidade.

• Adaptação dos critérios de patenteabilidade :

Foram introduzidas adaptações nos critérios de patenteabilidade para ter em conta as especificidades de certos domínios tecnológicos, como a inventividade dos métodos comerciais ou a proteção das descobertas científicas.

• Reforçar os direitos dos titulares de patentes :

A legislação foi alterada para introduzir salvaguardas adicionais contra a contrafação e para aumentar as sanções por violação dos direitos de propriedade intelectual.

• Simplificação dos procedimentos de registo e renovação de patentes :

Foram introduzidas alterações para simplificar os procedimentos de registo e renovação de patentes, nomeadamente através da introdução de ferramentas em linha e de mecanismos acelerados de tratamento dos pedidos.

III.4. Quadro legislativo internacional em matéria de patentes :

O quadro legislativo internacional relativo às patentes é regido principalmente por uma série de tratados e convenções internacionais que visam harmonizar e normalizar os sistemas de proteção de patentes em todo o mundo. Entre os mais importantes contam-se :

• Convenção de Paris para a Proteção da Propriedade Industrial (1883) :

A Convenção de Paris é um dos primeiros tratados internacionais sobre propriedade intelectual. Estabelece princípios fundamentais como o direito de prioridade, que permite a uma pessoa que tenha apresentado um pedido de patente num país membro reivindicar essa data de apresentação noutros países membros num período de 12 meses. Este tratado é essencial para os inventores que pretendam proteger as suas invenções a nível internacional.

• O Acordo de 1994 sobre os Aspectos dos Direitos de Propriedade Intelectual Relacionados com o Comércio (TRIPS):

O Acordo TRIPS, que faz parte dos acordos da Organização Mundial do Comércio (OMC), impõe aos membros da OMC normas mínimas para a proteção dos direitos de propriedade intelectual, incluindo as patentes. Exige que as patentes estejam disponíveis para qualquer invenção, quer se trate de um produto ou de um processo, em todos os domínios da tecnologia, e que a proteção seja concedida por um período mínimo de 20 anos a contar da data de apresentação do pedido.

• O Tratado de Cooperação em matéria de Patentes (PCT) de 1970:

O PCT permite que os inventores apresentem um único pedido de patente internacional que tem o mesmo efeito que um pedido nacional em vários países membros. Este tratado facilita o procedimento para os inventores, dando-lhes mais tempo para avaliar o potencial comercial da sua invenção antes de terem de incorrer em despesas significativas com o registo de patentes em vários países.

• Protocolo de Madrid relativo ao registo internacional de marcas (1989) :

Embora diga respeito principalmente às marcas, o Protocolo de Madrid tem implicações importantes para as patentes, na medida em que proporciona uma estrutura para a proteção das marcas em várias jurisdições com base num único pedido, simplificando assim a proteção das invenções associadas às marcas.

III.5. Quadro legislativo das patentes em França :

Em França, o quadro legislativo relativo às patentes é regido principalmente pelo Código da Propriedade Intelectual, que integra as obrigações decorrentes dos tratados internacionais, bem como a legislação europeia.

• O Código da Propriedade Intelectual (CPI):

O CPI regula todos os direitos de propriedade intelectual em França, incluindo as patentes. Define as condições em que as invenções podem ser patenteadas, os procedimentos de registo e de exame e os direitos conferidos por uma patente. Em França, uma invenção pode ser patenteada se for nova, implicar uma atividade inventiva e for suscetível de aplicação industrial.

• Instituto Nacional da Propriedade Industrial (INPI):

O INPI é o organismo francês responsável pela gestão das patentes. Recebe os pedidos de patentes, examina-os e concede as patentes. O INPI desempenha também um papel fundamental na sensibilização e formação em matéria de propriedade industrial.

• O sistema de certificados de utilidade :

Para além das patentes, o CPI prevê um sistema de certificados de utilidade, que oferece uma proteção de 10 anos para as invenções sem necessidade de um exame aprofundado. Este sistema é frequentemente utilizado para invenções com um ciclo de vida mais curto.

• Jurisprudência e litígios em matéria de patentes :

A França possui uma vasta jurisprudência em matéria de patentes, com tribunais especializados que tratam de litígios relativos à propriedade intelectual. As acções por infração de patentes são frequentes e podem resultar em injunções, indemnizações e invalidação de patentes.

• Influências europeias :

A França é membro do Instituto Europeu de Patentes (IEP), e as patentes europeias concedidas pelo IEP têm o mesmo efeito que uma patente nacional em França. A França também participa no sistema europeu de patentes unitárias, que visa proporcionar uma proteção uniforme em vários países europeus.

• Desenvolvimentos recentes :

A França reformou recentemente o seu direito de patentes para cumprir as diretivas europeias e reforçar a proteção dos direitos dos inventores. Estas reformas incluem a introdução da oposição pós-concessão, que permite a terceiros contestar a validade de uma patente depois de esta ter sido concedida pelo INPI.

CAPÍTULO 3.

REGISTO DE PATENTES

I. Proteção das invenções através do registo de patentes :

O depósito de um pedido de patente é uma etapa fundamental para garantir os direitos sobre novas invenções e descobertas. Para garantir a validade e a eficácia da sua proteção, é fundamental seguir um processo estruturado e metódico. A primeira etapa deste processo consiste em reunir e analisar as informações pertinentes. Para tal, é necessário efetuar uma pesquisa exaustiva para identificar eventuais invenções semelhantes e confirmar a novidade da sua invenção. Embora os critérios de patenteabilidade variem de país para país, para que uma invenção seja considerada patenteável, devem estar geralmente reunidas três condições básicas: a novidade, a atividade inventiva e a aplicação industrial. Estes critérios constituem a base para a concessão de patentes, garantindo que apenas as invenções verdadeiramente inovadoras obtêm esta proteção jurídica.

II. Procedimentos de registo de patentes em Marrocos :

II.1. Fases-chave e procedimentos :

II.1.1. Como e onde apresentar um pedido de patente :

Em Marrocos, um pedido de patente pode ser depositado diretamente na sede do Office Marocain de la Propriété Industrielle et Commerciale (OMPIC) em Casablanca, ou através da plataforma de depósito de patentes online. O depósito em linha requer a instalação prévia de um plug-in, bem como a utilização de um cartão inteligente pessoal para garantir a segurança e a integridade do pedido. No caso de depósito eletrónico, em conformidade com o artigo 2.º do decreto, não é necessário apresentar uma versão em papel do pedido. A plataforma em linha do OMPIC está acessível 24 horas por dia, permitindo aos utilizadores apresentar os seus pedidos a qualquer momento, 24 horas por dia, incluindo feriados. Assim que o pedido é apresentado, o OMPIC emite imediatamente um aviso de receção, especificando, nomeadamente, o número do pedido, a natureza dos documentos apresentados e a data e hora de receção. A data de registo dos documentos na plataforma é considerada como a data oficial de apresentação do pedido.

II.1.2. **Elegibilidade para apresentar um pedido de patente :**

Qualquer pessoa singular ou colectiva, residente ou não em Marrocos, pode apresentar um pedido de patente. O pedido pode ser apresentado em nome de uma ou mais pessoas, em árabe ou francês. É imperativo que todos os documentos apresentados sejam redigidos na mesma língua. O direito à patente pertence ao inventor ou aos seus sucessores, sem prejuízo do disposto no artigo 18. No caso de a invenção ter sido realizada independentemente por várias pessoas, o direito é concedido à pessoa que provar a data de depósito mais antiga, em conformidade com o artigo 16. A inscrição do pedido no Registo Nacional de Patentes confere ao requerente todos os direitos relativos à propriedade da patente. No entanto, se o pedido tiver sido efectuado em violação dos direitos do inventor ou dos seus sucessores, ou em violação de uma obrigação legal ou contratual (como no caso das invenções dos trabalhadores assalariados regidas pelo artigo 18°), o requerente pode ser privado do seu direito à patente, nomeadamente em caso de reivindicação de propriedade nos termos do artigo 19°.

II.1.3. **Preparação do pedido :**

Nos termos do artigo 31.°, o processo de pedido de patente deve incluir os seguintes elementos:

• **Formulário de apresentação B1:** Pode ser descarregado através da ligação fornecida pelo OMPIC.

• **Descrição da invenção :** Pormenores técnicos da invenção.

• **Reivindicações :** Definição dos aspectos da invenção para os quais se pretende obter proteção.

• **Desenhos:** Ilustrações associadas à descrição ou às reivindicações, se necessário.

• **Resumo:** Breve resumo da invenção.

A descrição inicial pode ser apresentada em qualquer língua no momento do depósito, mas deve ser regularizada em árabe ou francês dentro do prazo.

II.1.4. **Exame do pedido :**

A data de apresentação oficial só é atribuída se os documentos apresentados satisfizerem as seguintes condições mínimas

• **Formulário de candidatura conforme:** devidamente preenchido em conformidade com o artigo 4.º do decreto de aplicação da lei 17-97.

• Descrição da invenção: Uma descrição completa ou uma referência a um pedido anterior acessível.

Se estas condições mínimas não estiverem preenchidas, o pedido será considerado inadmissível (artigo 31.º). No caso do depósito eletrónico, se o pedido for apresentado num feriado ou num dia não útil, a data oficial de depósito será a do dia útil seguinte, sob reserva da conformidade dos documentos apresentados.

II.1.5. **Regularização do pedido :**

Se o pedido estiver incompleto, o requerente ou o seu representante dispõe de três meses a contar da data de apresentação para o corrigir (artigo 32.º). Em caso de depósito com reivindicação de prioridade, o documento comprovativo deve ser apresentado no prazo de quatro meses a contar do termo do período de prioridade mais antigo (artigo 8.º). Um pedido de patente que não tenha sido regularizado nos prazos previstos é considerado como tendo sido retirado. Outros documentos, como as reivindicações, o resumo e o mandato do representante, se este tiver sido nomeado, podem ser apresentados nos prazos seguintes:

• Na data da apresentação inicial.

• No prazo de três meses a contar da data de apresentação do pedido.

• No prazo de cinco meses a contar da data de apresentação do pedido, sob reserva da apresentação de um pedido de continuação do processo.

II.2. **Critérios de patenteabilidade :**

Os critérios de patenteabilidade são elementos-chave a ter em conta aquando da apresentação de um pedido de patente. Determinam se uma invenção é elegível para a proteção jurídica conferida por uma patente. Embora os critérios possam variar ligeiramente de um país para outro, baseiam-se geralmente nos seguintes princípios:

• **Novo produto :**

Para que uma invenção seja considerada patenteável, tem de ser nova. Isto significa que a invenção não deve ter sido disponibilizada ao público antes da data de apresentação do pedido de patente. A novidade significa que a invenção não deve ter sido divulgada, publicada ou apresentada ao público sob qualquer forma (publicações, apresentações, vendas, etc.). Qualquer divulgação prévia pelo próprio inventor pode também comprometer a novidade da invenção. Este critério é essencial para garantir que a proteção por patente só é concedida a inovações verdadeiramente novas.

- **Atividade inventiva :**

A atividade inventiva é um critério que avalia se a invenção apresenta um avanço não óbvio em relação ao estado da técnica existente. Para satisfazer este critério, a invenção não deve ser uma simples combinação ou uma modificação óbvia de técnicas ou conhecimentos já conhecidos no domínio técnico em causa. Uma pessoa com conhecimentos médios na matéria não deve ser capaz de reproduzir ou deduzir facilmente a invenção a partir dos conhecimentos existentes. Este critério garante que as patentes só são concedidas a invenções que dêem um contributo técnico genuíno, para além do que é óbvio para um especialista na matéria.

- **Aplicabilidade industrial :**

Para ser patenteável, uma invenção deve também ser aplicável industrialmente. Isto significa que a invenção deve poder ser feita ou utilizada num domínio industrial ou comercial. A aplicabilidade industrial garante que a invenção é suficientemente concreta para ser implementada num contexto prático, em vez de permanecer uma ideia teórica ou abstrata. Este critério visa promover inovações que possam ser exploradas de forma tangível, contribuindo assim para o desenvolvimento industrial e económico.

II.3. **Redação e estrutura de um pedido de patente :**

II.3.1. **Redação de um pedido de patente :**

A redação de um pedido de patente é uma etapa importante que deve ser realizada tendo em conta os objectivos específicos do requerente e a estratégia global de apresentação do pedido. Um pedido de patente bem redigido não só garante a proteção da invenção, como também maximiza as hipóteses de sucesso quando o pedido é examinado.

Um pedido de patente típico inclui os seguintes elementos:

- **Uma descrição pormenorizada da invenção**: Esta secção deve explicar em profundidade o funcionamento, a estrutura e as vantagens técnicas da invenção.

- **Reivindicações**: Definem os limites da proteção jurídica pretendida para a invenção.

- **Desenhos técnicos**: Ilustram as várias configurações ou formas de realização da invenção, facilitando a compreensão dos aspectos técnicos.

Antes de iniciar a redação propriamente dita, é essencial efetuar uma análise aprofundada da patenteabilidade da invenção. Esta etapa permite-lhe verificar se a invenção preenche os critérios de proteção por patente e orientar a estratégia de redação em conformidade.

As etapas seguintes são essenciais para a redação de um pedido de patente:

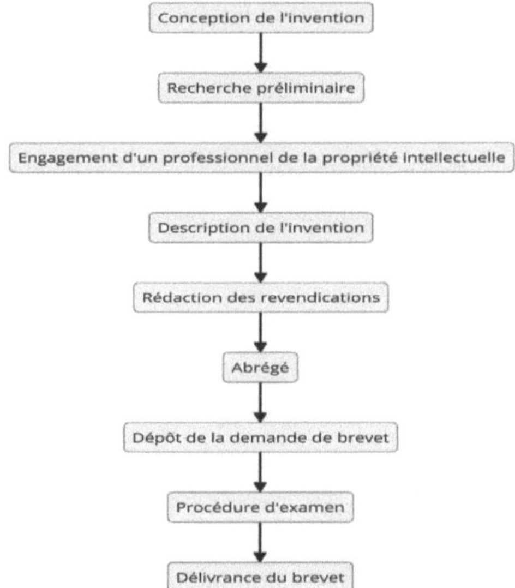

Figura 3.1. Fases do processo de registo de patentes.

i. **Conceção da invenção** :

Antes de redigir, é essencial compreender os aspectos distintivos da invenção. Isto inclui a identificação das caraterísticas técnicas e funcionais que a tornam única em relação ao estado da técnica.

ii. **Investigação preliminar** :

Deve ser efectuada uma pesquisa preliminar para garantir que a invenção é nova e não é óbvia. Esta pesquisa pode envolver a consulta de bases de dados de patentes e outras fontes técnicas para identificar quaisquer divulgações anteriores relevantes.

iii. **Contratação de um profissional de propriedade intelectual** :

Recomenda-se vivamente que recorra aos serviços de um advogado de patentes ou de um agente de patentes para redigir o pedido. Estes profissionais têm a experiência necessária para redigir um pedido que cumpra os requisitos legais e maximize as hipóteses de obter uma patente.

iv. Descrição da invenção:

A descrição deve ser clara, completa e precisa, descrevendo pormenorizadamente o funcionamento, a estrutura, os componentes e as vantagens da invenção. A utilização de desenhos ou esquemas técnicos é muitas vezes útil para facilitar a compreensão.

v. Redação dos pedidos :

As reivindicações são a parte mais importante do pedido, uma vez que definem os aspectos da invenção que serão protegidos pela patente. Devem ser redigidas de forma a abranger as caraterísticas únicas da invenção, mantendo-se suficientemente amplas para incluir diferentes variantes possíveis.

vi. Abreviado :

O resumo fornece uma visão sucinta da invenção e das suas vantagens. Deve ser conciso e dar uma ideia clara da invenção sem entrar em pormenores técnicos. O resumo é frequentemente utilizado em pesquisas subsequentes para identificar patentes relevantes.

vii. Apresentação do pedido de patente :

Uma vez concluída a redação, o pedido de patente deve ser apresentado ao organismo competente, um instituto nacional ou regional de patentes, consoante o sistema aplicável.

viii. Procedimento de exame :

Após o depósito, o pedido é objeto de um processo de exame pelo organismo competente. Esta fase pode incluir trocas de impressões com o examinador e alterações ao pedido para cumprir os critérios de patenteabilidade.

ix. Emissão da patente :

Se o pedido for considerado como satisfazendo os critérios, é concedida uma patente, que confere ao titular o direito exclusivo de explorar a invenção durante um período de, geralmente, 20 anos a partir da data de apresentação do pedido. É importante notar que um pedido de patente mal redigido pode levar a dificuldades na aplicação dos direitos associados ou na proteção efectiva da invenção. A redação de um pedido de patente é, portanto, uma tarefa complexa que pode variar de um país para outro, exigindo frequentemente a intervenção de profissionais qualificados.

II.3.2. **Estrutura de um pedido de patente :**

A estrutura de um pedido de patente é geralmente normalizada e inclui os elementos indicados na figura 3.2.

Figura 3.2. Estrutura de um pedido de patente.

i. **Página de rosto :**

Esta página inclui o título da invenção, os nomes do requerente e dos inventores, bem como informações sobre a prioridade reivindicada, se for caso disso.

ii. **Abreviado :**

O resumo é uma breve síntese da invenção, destacando as suas principais caraterísticas e vantagens. Fornece uma visão rápida da invenção.

iii. **Descrição da invenção e do seu domínio técnico :**

Esta secção descreve o funcionamento, a estrutura e as caraterísticas técnicas da invenção. Pode ser acompanhada de desenhos, diagramas ou fotografias para uma melhor compreensão.

iv. **Reclamações :**

As reivindicações especificam as caraterísticas técnicas para as quais se pretende obter proteção. São essenciais para definir o âmbito da proteção jurídica concedida pela patente.

v. **Desenhos ou diagramas :**

Embora facultativos, podem ser incluídos desenhos ou diagramas para ilustrar e completar a descrição da invenção. Devem ser numerados e acompanhados de legendas explicativas.

vi. **Abreviaturas e glossário :**

Se forem utilizadas abreviaturas ou termos técnicos específicos, pode ser útil incluir um glossário para explicar o seu significado.

vii. **Referências citadas :**

Esta secção enumera os documentos de referência relevantes, tais como patentes ou publicações anteriores, utilizados durante a pesquisa preliminar ou relevantes para a compreensão da invenção.

viii. **Sequências de nucleótidos ou de aminoácidos :**

Se a invenção disser respeito a sequências genéticas ou moléculas biológicas, estas devem ser incluídas numa secção separada.

ix. **Informação prioritária :**

Se o pedido reivindicar prioridade sobre um pedido anterior, as informações pertinentes devem ser incluídas numa secção específica.

x. **Informações sobre os inventores e o requerente :**

Esta secção deve incluir os nomes e endereços dos inventores, bem como os dados de contacto do requerente.

III. Processo de registo internacional de patentes :

O processo de registo internacional de patentes está estruturado de forma a permitir que os inventores protejam as suas invenções em vários países simultaneamente, respeitando os requisitos locais de cada jurisdição. As principais etapas deste processo incluem a utilização de sistemas como o Tratado de Cooperação em matéria de Patentes (PCT) e a Convenção de Paris.

As etapas gerais do registo de uma patente a nível internacional :

Etapa 1. Pesquisa do estado da técnica :

• **Objetivo**: antes de apresentar um pedido de patente, é crucial efetuar uma pesquisa mundial do estado da técnica para garantir que a invenção é nova e não foi já patenteada noutro local.

• **Ferramentas**: utilização de bases de dados internacionais, como as da Organização Mundial da Propriedade Intelectual (OMPI), do Instituto Europeu de Patentes (IEP) e outras.

Etapa 2. Apresentação do primeiro pedido de patente (prioridade) :

• **Local**: o primeiro depósito é geralmente efectuado no país de origem do inventor. Este pedido serve de referência para a data de prioridade.

• **Prazo**: nos termos da Convenção de Paris, uma vez apresentado este pedido, o inventor dispõe de 12 meses para apresentar pedidos noutros países, reivindicando a data de prioridade do primeiro pedido.

Etapa 3. Escolha da estratégia de registo internacional :

• **Opção 1: depósito nacional direto**

o **Processo**: apresentação de pedidos de patente separados em cada país ou região onde se pretende obter proteção.

o **Complexidade**: cada pedido está sujeito à legislação e aos requisitos locais, exigindo traduções individuais e o pagamento de taxas.

• **Opção 2: depósito através do Tratado de Cooperação em matéria de Patentes (PCT)**

o **O objetivo é** simplificar o registo de patentes em vários países através de um procedimento único.

o **Procedimento**: apresentação de um pedido pct que permite que a invenção seja protegida num máximo de 156 países membros, adiando a necessidade de apresentar pedidos nacionais específicos.

Etapa 4. Apresentação do pedido PCT :

• **Onde**: o pedido pode ser apresentado junto da OMPI, do Instituto Europeu de Patentes (IEP) ou do instituto nacional de propriedade industrial do país de origem do inventor.

• **Conteúdo**: o pedido deve incluir uma descrição completa da invenção, reivindicações, um resumo e, se necessário, desenhos técnicos.

• **Relatório de pesquisa internacional**: após o depósito, a OMPI efectua uma pesquisa internacional para identificar o estado da técnica relevante.

Etapa 5. Publicação internacional :

• **Quando**: 18 meses após a data de prioridade, o pedido PCT é publicado pela OMPI.

• **Efeito**: a publicação torna a invenção acessível ao público e marca o início da fase de entrada nas diferentes jurisdições nacionais ou regionais.

Etapa 6. Exame preliminar internacional (facultativo) :

• **Objetivo**: o requerente pode solicitar um exame preliminar internacional para obter um parecer não vinculativo sobre a patenteabilidade da invenção.

• **Vantagem**: permite reforçar o pedido antes de entrar nas fases nacionais e avaliar melhor as hipóteses de obter uma patente.

Etapa 7. Entrada na fase nacional ou regional :

• **Quando**: 30 meses após a data de prioridade (ou 31 meses em alguns países), o requerente deve entrar nas fases nacionais ou regionais para obter proteção nas jurisdições escolhidas.

• **Procedimento**: cada serviço nacional ou regional examina o pedido de acordo com as suas próprias regras. Este processo pode incluir o pagamento de taxas, o fornecimento de traduções e ajustamentos aos pedidos.

Etapa 8. Exame do pedido pelos serviços nacionais/regionais :

• **Exame**: cada instituto efectua um exame de fundo para verificar se a invenção cumpre os critérios de patenteabilidade (novidade, atividade inventiva, aplicabilidade industrial).

• **Resposta a objecções**: o requerente pode ter de responder a objecções ou alterar pedidos para cumprir os requisitos locais.

Etapa 9. Emissão de patentes :

• **Decisão**: se o exame for conclusivo, os institutos nacionais ou regionais concedem uma patente.

• **Duração**: As patentes são geralmente válidas por 20 anos a partir da data de registo, sujeitas ao pagamento de taxas anuais ou de manutenção.

Etapa 10. Pagamento dos impostos anuais :

• **Exigência**: o titular da patente deve pagar taxas anuais em cada país onde a patente é mantida, a fim de manter a validade da proteção.

• **Consequência**: o não pagamento das taxas implica a perda dos direitos de patente nas jurisdições em causa.

Fase 11. Acompanhamento e promoção :

• **Controlo**: é essencial controlar a exploração da invenção para detetar qualquer infração.

• **Litígio**: em caso de violação dos direitos, o titular pode intentar uma ação judicial nos países onde as patentes foram concedidas.

O registo internacional de uma patente é um processo complexo e dispendioso, mas essencial para inventores e empresas que pretendam proteger as suas inovações em vários países. Uma estratégia bem planeada, incluindo a utilização do PCT, pode simplificar este processo e oferecer uma proteção eficaz a uma escala global.

Figura 3.1. O processo de registo internacional de patentes.

CAPÍTULO 4

**GESTÃO ESTRATÉGICA DE PATENTES: DESENVOLVIMENTO,
LICENCIAMENTO E PROTECÇÃO**

I. Tirar o máximo partido das invenções patenteadas :

A valorização tecnológica das patentes é um processo fundamental para maximizar o valor científico, técnico, económico e estratégico de uma invenção. Este processo assenta não só na avaliação e desenvolvimento tecnológico, mas também na integração da inteligência tecnológica e na transferência de tecnologia para transformar as inovações em soluções comercializáveis. Neste capítulo, exploramos estratégias para a valorização tecnológica das patentes, destacando a importância da vigilância tecnológica e da transferência de tecnologia neste contexto.

I.1. Observatório tecnológico :

A vigilância tecnológica é uma ferramenta básica no processo de desenvolvimento de patentes. Envolve o acompanhamento da evolução das tecnologias, dos mercados e das actividades dos concorrentes. Ao efetuar uma vigilância tecnológica eficaz, as empresas podem identificar tendências emergentes, oportunidades de mercado e potenciais ameaças. Esta informação pode ser utilizada para orientar decisões estratégicas relacionadas com o desenvolvimento de patentes. A vigilância tecnológica desempenha vários papéis no desenvolvimento de patentes:

• **Identificação de oportunidades**: Ao monitorizar as tendências do mercado, as empresas podem identificar nichos inexplorados onde a sua tecnologia patenteada pode ser explorada.

• **Adaptar a nossa estratégia**: A rápida evolução das tecnologias obriga-nos a adaptar continuamente as nossas estratégias de desenvolvimento. O acompanhamento permite-nos ajustar os nossos planos de desenvolvimento em função da evolução do mercado.

• **Prevenção de riscos**: Ao antecipar as inovações da concorrência, as empresas podem proteger a sua posição no mercado e evitar que a sua tecnologia se torne obsoleta.

I.2. Transferência de tecnologia :

A transferência de tecnologia é o conjunto de actividades destinadas a transformar uma invenção num produto ou serviço comercialmente viável. Este processo envolve várias

32

fases, desde a investigação e o desenvolvimento até à proteção da propriedade intelectual e à comercialização.

As principais estratégias de exploração das patentes incluem :

• **Maturação tecnológica**: Trata-se de acrescentar valor a uma invenção através de um maior desenvolvimento técnico, da criação de protótipos e da proteção internacional dos direitos de propriedade intelectual. Esta fase tem como objetivo demonstrar a viabilidade técnica e comercial da tecnologia.

• **Licenciamento**: O licenciamento permite que uma patente seja explorada comercialmente, concedendo a outras empresas o direito de utilizar a tecnologia. Os termos dos acordos de licenciamento (exclusividade, duração, território) são essenciais para maximizar as receitas e gerir os riscos associados à exploração da tecnologia.

• **Criação de empresas**: A criação de empresas em fase de arranque ou de empresas derivadas é uma estratégia comum para acrescentar valor aos resultados da I&D. Estas novas empresas podem concentrar-se no desenvolvimento e comercialização de tecnologias patenteadas, beneficiando simultaneamente das competências técnicas e dos recursos do organismo de investigação original. Estas novas empresas podem concentrar-se no desenvolvimento e comercialização de tecnologias patenteadas, beneficiando simultaneamente das competências técnicas e dos recursos do organismo de investigação original.

• **Colaboração e parcerias**: A colaboração com outras empresas ou instituições de investigação pode facilitar o desenvolvimento tecnológico e o acesso aos mercados. As empresas comuns e as parcerias estratégicas são exemplos dessas colaborações, permitindo a combinação de recursos e competências para obter um valor acrescentado mutuamente benéfico.

I.3. Transferência de tecnologia :

A transferência de tecnologia é um elemento fundamental na exploração de patentes. Refere-se ao processo de transferência de conhecimentos e tecnologias desenvolvidos num contexto de investigação para a indústria, onde podem ser explorados comercialmente.

As várias formas de transferência de tecnologia incluem :

• **Venda ou licença da tecnologia**: A tecnologia patenteada pode ser vendida ou licenciada a outra empresa capaz de a comercializar eficazmente. Isto permite que a invenção seja rentabilizada rapidamente, limitando os riscos para o titular da patente.

• **Acordos de investigação e desenvolvimento (I&D)**: Estes acordos permitem às empresas colaborar com instituições de investigação para desenvolver uma tecnologia e prepará-la para a comercialização. Em contrapartida, as empresas obtêm direitos de propriedade intelectual ou partilham as receitas geradas pela exploração da tecnologia.

• **Franchising e Joint-Ventures**: Estas estratégias de transferência de tecnologia permitem a criação de estruturas para explorar comercialmente uma tecnologia em grande escala, reunindo parceiros industriais que contribuem com recursos complementares.

• **Incubadoras e aceleradoras**: Estas estruturas oferecem apoio a empresas inovadoras em fase de arranque, facilitando o desenvolvimento de novas tecnologias e a sua introdução no mercado. Desempenham um papel crucial na maturação tecnológica e na criação de redes com parceiros industriais.

II. Roteiro tecnológico :

Acrescentar valor tecnológico a uma invenção patenteada é um processo complexo que requer planeamento estratégico e implementação metódica. O roteiro tecnológico serve de guia para maximizar o potencial comercial de uma inovação, definindo as principais etapas, marcos e estratégias de desenvolvimento. Este capítulo apresenta a estruturação optimizada do roteiro, incluindo o planeamento estratégico, a avaliação tecnológica, a definição de objectivos, o desenvolvimento da estratégia de comercialização e a gestão das fases de desenvolvimento.

II.1. Planeamento estratégico para a transferência de tecnologia

II.1.1. Avaliação tecnológica :

A avaliação tecnológica aprofundada é a primeira etapa do planeamento estratégico. Trata-se de analisar as caraterísticas técnicas, o desempenho, a durabilidade e a competitividade da invenção em relação às soluções existentes no mercado. Testes laboratoriais, simulações e estudos de viabilidade são utilizados para identificar os pontos fortes e fracos da tecnologia. Esta avaliação inclui também uma análise económica, tendo em conta os custos de produção e as potenciais economias de escala. O objetivo é fornecer uma base sólida para a definição de objectivos de valor acrescentado e de estratégias de desenvolvimento.

II.1.2. **Definição dos objectivos de recuperação :**

Os objectivos de exploração são os resultados concretos que esperamos alcançar quando a tecnologia for comercializada. Devem ser claros, específicos, mensuráveis, realizáveis, relevantes e definidos no tempo (SMART). Os objectivos comuns incluem

• **Expansão do mercado**: Introdução da tecnologia em novos mercados geográficos ou novos sectores.

• **Adquirir uma quota de mercado**: Tornar-se um ator importante ao conquistar uma parte significativa do mercado.

• **Melhorar a rendibilidade**: aumentar as margens de lucro e reduzir os custos de produção.

• **Proteção da propriedade intelectual**: Reforçar os direitos de propriedade intelectual para preservar a vantagem competitiva.

• **Parcerias estratégicas**: Trabalhar com outras empresas para acelerar o tempo de chegada ao mercado.

• **Criação de uma empresa autónoma**: Criar uma nova entidade dedicada à exploração da tecnologia.

II.2. **Desenvolver uma estratégia de criação de valor acrescentado :**

II.2.1. **Análise do mercado :**

A análise do mercado é importante para compreender as tendências, as necessidades e a dinâmica competitiva do sector. Esta análise ajuda a identificar os segmentos de mercado mais promissores, a avaliar a procura da invenção e a determinar as melhores abordagens para penetrar no mercado. Serve de base para desenvolver uma estratégia de posicionamento que diferencie a tecnologia dos concorrentes.

II.2.2. **Escolha de modelos de negócio :**

A escolha do modelo de negócio tem de estar alinhada com os objectivos de criação de valor. Existem várias opções possíveis:

• **Venda direta**: Comercialização direta aos consumidores ou às empresas.

• **Licenciamento**: Concessão de licenças a terceiros para a exploração de tecnologia em troca de royalties.

• **Parcerias estratégicas**: Trabalhar com outras empresas para partilhar recursos e acelerar o desenvolvimento.

• **Criação de uma start-up**: Formação de uma nova empresa para explorar a tecnologia de forma autónoma.

II.2.3. **Planeamento do desenvolvimento :**

Deve ser elaborado um plano de desenvolvimento pormenorizado, incluindo a conceção de protótipos, os testes de validação e a industrialização. Este plano deve definir as etapas críticas do desenvolvimento, os recursos necessários e os prazos a respeitar para atingir os objectivos de valorização.

II.2.4. **Comunicação e marketing :**

A estratégia de comunicação deve ser concebida para promover eficazmente a tecnologia no mercado. Isto inclui o desenvolvimento de materiais de marketing, a participação em feiras comerciais e a gestão de relações públicas para gerar interesse e estabelecer uma reputação sólida.

II.2.5. **Gestão do risco :**

É essencial uma avaliação pró-ativa dos riscos de avaliação. Os riscos podem incluir a concorrência, as restrições regulamentares, os desafios tecnológicos e as barreiras financeiras. Devem ser implementados planos de atenuação para gerir eficazmente estes riscos.

II.3. Identificação das principais fases e marcos de desenvolvimento :

II.3.1. **Fases de desenvolvimento técnico :**

O desenvolvimento técnico está estruturado em várias fases:

• **Investigação e análise preliminar**: Avaliação da viabilidade técnica.

• **Conceção e prototipagem** : Desenvolvimento de protótipos para testar funcionalidade.

• **Ensaios e validação**: Validação do desempenho e da conformidade com as normas.

• **Industrialização**: Otimização dos processos de fabrico para a produção em massa.

• **Melhoria contínua**: Adaptação e melhoria pós-comercialização.

II.3.2. **Fases do desenvolvimento das empresas :**

O desenvolvimento do negócio inclui :

• **Estudos de mercado**: análise aprofundada para compreender o mercado-alvo.

• **Estratégia de marketing**: Desenvolvimento de um plano de marketing para posicionar a tecnologia.

• **Plano de vendas** : Desenvolver uma estratégia de vendas eficaz.

• **Lançamento no mercado**: Actividades de lançamento para introduzir a tecnologia.

• **Desenvolvimento de parcerias**: Estabelecimento de colaborações estratégicas.

• **Acompanhamento e adaptação**: Monitorização contínua do desempenho e eventuais ajustamentos necessários.

II.3.3. **Marcos de desenvolvimento :**

Os marcos de desenvolvimento são pontos críticos que marcam o progresso do projeto:

• **Validação da viabilidade técnica**: Confirmação das capacidades técnicas.

• **Obtenção de uma patente**: proteção jurídica da invenção.

• **Financiamento inicial**: Assegurar os fundos necessários.

• **Protótipo funcional**: Desenvolvimento e validação do protótipo.

• **Ensaios de validação**: Ensaios em condições reais.

• **Lançamento do mercado**: Apresentação do mercado.

• **Expansão**: Fase de crescimento e penetração em novos mercados.

III. Estratégias de exploração das patentes :

As patentes são um instrumento fundamental para proteger as invenções e dar às empresas uma vantagem competitiva. No entanto, para que uma patente se torne um verdadeiro valor acrescentado, é essencial pôr em prática estratégias de exploração eficazes. Acrescentar valor às patentes não se limita a protegê-las legalmente, mas envolve também a exploração económica da invenção para maximizar as receitas e reforçar a posição da empresa no mercado. Antes de pôr em prática uma estratégia para valorizar as patentes, é importante efetuar uma análise aprofundada das patentes detidas pela empresa. Esta análise deve ter em conta :

• **Potencial de mercado**: Trata-se de avaliar a procura atual e futura da invenção patenteada. A avaliação de uma patente será mais eficaz se o mercado-alvo estiver em expansão ou se a invenção responder a uma necessidade não satisfeita.

• **Posicionamento concorrencial**: A análise da posição da patente em relação à concorrência é essencial. Uma patente que cubra uma tecnologia ou um produto único, que seja difícil de contornar pelos concorrentes, tem um valor potencial mais elevado.

• **A duração da patente**: quanto mais próxima estiver a expiração de uma patente, menos provável será a sua valorização efectiva. A análise deve, portanto, incorporar estratégias para maximizar as receitas antes do fim do período de proteção.

• **Cobertura geográfica**: A proteção oferecida por uma patente está limitada às jurisdições em que é registada. Uma exploração bem sucedida exige uma cobertura geográfica em conformidade com os mercados-alvo.

III.1. **Parcerias e alianças estratégicas :**

Uma das estratégias mais comuns para aumentar o valor de uma patente consiste em formar parcerias ou alianças com outras empresas. Estas parcerias podem assumir várias formas:

• **Licenças de patentes**: Ao conceder uma licença, o titular da patente permite que outra empresa explore a invenção em troca de royalties ou de um pagamento fixo. Esta estratégia permite gerar rendimentos, mantendo os direitos sobre a invenção. É essencial escolher cuidadosamente os parceiros e negociar os termos da licença para maximizar o retorno financeiro.

• **Co-desenvolvimento e co-marketing**: Nesta abordagem, duas empresas unem forças para desenvolver e comercializar conjuntamente um produto ou uma tecnologia com base numa patente. Isto permite partilhar os custos e os riscos, beneficiando simultaneamente dos recursos e da experiência de ambos os parceiros.

• **Criação de empresas comuns**: As empresas comuns permitem que as empresas combinem os seus recursos para explorar uma patente de forma mais eficaz. Esta abordagem é particularmente útil para penetrar em novos mercados ou desenvolver tecnologias complexas que exijam investimentos significativos.

III.2. **Licenças cruzadas e carteiras de patentes :**

O licenciamento cruzado envolve uma troca de licenças entre duas ou mais empresas, permitindo-lhes utilizar as patentes umas das outras. Esta estratégia é particularmente eficaz nos sectores em que as tecnologias são complexas e interdependentes. O licenciamento cruzado pode reduzir os custos de litígio, incentivar a inovação e permitir o acesso a novas tecnologias.

Gerir uma carteira de patentes, em vez de uma patente individual, é também uma estratégia poderosa para acrescentar valor. Uma carteira de patentes bem gerida pode :

• **Reforçar a posição negocial**: Uma carteira diversificada oferece maior flexibilidade na negociação de licenças ou parcerias, aumentando as hipóteses de obter condições vantajosas.

• **Maximizar as receitas**: Ao oferecer licenças para uma carteira completa, e não para patentes individuais, uma empresa pode aumentar o valor percepcionado e, assim, justificar royalties mais elevadas.

• **Reduzir os riscos**: Uma carteira de patentes proporciona uma melhor proteção contra litígios, porque é mais difícil para um concorrente contornar várias patentes do que contornar uma única.

III.3. **Estratégias de marketing :**

O marketing direto é outra estratégia fundamental para acrescentar valor a uma patente. Trata-se de incorporar a invenção patenteada nos produtos ou serviços da empresa e de os introduzir no mercado. Para ter êxito com esta estratégia, é necessário ter em conta uma série de factores:

• **Desenvolvimento do produto**: A invenção patenteada deve ser transformada num produto comercializável. Para tal, pode ser necessário investir em I&D, na criação de protótipos e em ensaios.

• **Posicionamento de marketing**: O produto deve ser posicionado de forma a maximizar o seu atrativo para os consumidores. Isto inclui o preço, a estratégia de distribuição e a promoção.

• **Proteção do mercado**: Para maximizar o valor, é crucial proteger o mercado da invenção patenteada contra a concorrência. Isto pode ser conseguido através da obtenção de patentes adicionais, da melhoria contínua do produto ou do reforço da marca.

III.4. Inovação contínua e vigilância tecnológica:

Por último, a avaliação das patentes não deve ser uma estratégia estática. A inovação contínua e a inteligência tecnológica são essenciais para manter e aumentar o valor das patentes. Isto significa :

• **Melhoria contínua da invenção**: Ao desenvolver melhorias ou variações da invenção inicial, uma empresa pode prolongar a vida comercial da patente e manter a sua vantagem competitiva.

• **Monitorização das tendências do mercado**: Uma vigilância tecnológica ativa permite-nos detetar as tendências do mercado e antecipar as necessidades futuras. Isto ajuda-nos a adaptar a nossa estratégia de desenvolvimento em conformidade.

• **Gestão proactiva da carteira de patentes**: A gestão dinâmica de uma carteira, incluindo a aquisição de novas patentes e o abandono de patentes obsoletas, maximiza as receitas e minimiza os custos.

IV. Colaboração estratégica na exploração de patentes: parcerias, alianças e modelos inovadores :

A colaboração desempenha um papel essencial na exploração de patentes, permitindo aos titulares de patentes maximizar o seu potencial comercial. As parcerias e alianças estratégicas permitem que os actores envolvidos, sejam eles empresas, institutos de investigação ou investidores, unam forças para explorar e comercializar eficazmente as invenções patenteadas. Estas colaborações facilitam a partilha de recursos, o acesso a competências complementares e a otimização do valor das patentes, estimulando simultaneamente a inovação e promovendo o desenvolvimento económico.

IV.1. **Definição de conceitos :**

• **Colaboração:** Neste contexto, a colaboração envolve a cooperação entre diferentes intervenientes (titulares de patentes, investigadores, empresas, investidores) para maximizar o valor económico e o impacto comercial das patentes, através de acordos de licenciamento, parcerias público-privadas, etc.

• **Parceria:** Uma parceria no contexto da exploração de patentes é uma colaboração entre duas ou mais entidades, como empresas, instituições de investigação ou organismos públicos, que partilham recursos, conhecimentos e competências para atingir objectivos comuns no domínio da exploração de patentes.

• **Cooperação:** A cooperação refere-se a uma colaboração estreita entre as pessoas envolvidas na exploração de patentes, com o objetivo de explorar e comercializar invenções patenteadas através da partilha de recursos, informações e actividades conjuntas.

• **Aliança estratégica:** Este termo refere-se a acordos formais ou informais entre entidades para colaborar em aspectos específicos da exploração de patentes, como o desenvolvimento tecnológico, o acesso a novos mercados ou a criação de produtos inovadores.

• **Consórcio:** Um consórcio é uma forma de parceria em que várias entidades se juntam para colaborar em projectos de exploração de patentes, partilhando recursos, conhecimentos e competências para desenvolver inovações e comercializar produtos.

IV.2. **Exemplos de parcerias e alianças estratégicas:**

• **Parceria universidade-empresa:** Uma universidade colabora com uma empresa farmacêutica para desenvolver e comercializar um medicamento baseado numa tecnologia patenteada.

• **Aliança estratégica no sector automóvel:** Uma empresa automóvel associa-se a um fabricante de baterias para desenvolver veículos eléctricos inovadores.

• **Colaboração tecnologia-IA:** Uma empresa de tecnologia colabora com uma start-up especializada em inteligência artificial para integrar funções patenteadas em software.

• **Acordo de licença no domínio da biotecnologia:** Uma empresa de biotecnologia concede uma licença a um fabricante de dispositivos médicos para utilizar tecnologia patenteada em produtos inovadores.

IV.3. **Cooperação entre os sectores público e privado :**

As parcerias público-privadas (PPP) são colaborações entre o sector público (governo, autarquias locais, estabelecimentos públicos) e agentes privados para a realização de projectos de interesse geral, incluindo a exploração de patentes. Esta cooperação permite combinar as vantagens e as competências de ambos os sectores para atingir objectivos comuns, como a inovação tecnológica, o crescimento económico e o desenvolvimento sustentável.

• Acesso aos recursos públicos :

Financiamento governamental: As PPP oferecem às empresas privadas acesso a financiamento governamental para apoiar o desenvolvimento e a comercialização de tecnologias patenteadas.

Infra-estruturas de investigação: As empresas privadas podem aceder a infra-estruturas públicas de investigação, tais como laboratórios e equipamento especializado, para desenvolver e validar tecnologias patenteadas.

• Competências técnicas e científicas :

Investigação científica de ponta: As instituições públicas fornecem conhecimentos científicos e técnicos de alto nível, aumentando a capacidade de I&D relacionada com as patentes.

Conhecimentos especializados: Os investigadores do sector público oferecem conhecimentos aprofundados em domínios técnicos específicos, úteis para melhorar e explorar tecnologias patenteadas.

• Benefícios para o sector privado :

Acesso a recursos específicos: As PPP permitem às empresas privadas beneficiar de competências e recursos públicos para ultrapassar obstáculos técnicos e desenvolver inovações.

Oportunidades de colaboração: As empresas privadas podem estabelecer colaborações com actores do sector público, aumentando a sua visibilidade e competitividade no mercado.

Validação e credibilidade: Trabalhar com instituições públicas de renome dá uma validação adicional às tecnologias patenteadas, aumentando a confiança dos investidores e parceiros comerciais.

IV.4 Modelos de colaboração para a exploração de patentes :

Os modelos de colaboração para a exploração de patentes incluem uma variedade de abordagens estratégicas que permitem aos titulares de patentes trabalhar com outros actores para explorar ao máximo as suas invenções. Estes modelos incluem acordos de licenciamento, cooperação em I&D, criação de spin-offs e participação em redes ou consórcios de empresas.

• Acordos de licença :

Benefícios para o titular da patente: Geração de receitas, expansão geográfica e acesso aos recursos do licenciado.

Benefícios para o licenciado: Acesso a tecnologia comprovada, redução de custos e riscos e novas oportunidades de negócio.

• Cooperação em matéria de investigação e desenvolvimento (I&D) :

Partilhar recursos e competências: Partilhar recursos financeiros, materiais e técnicos para acelerar o desenvolvimento tecnológico.

Benefícios mútuos: Desenvolvimento acelerado, risco reduzido, acesso a novos conhecimentos e inovações e partilha de lucros.

• Criação de spin-offs e start-ups:

Vantagens para o titular da patente: Controlo direto das operações, benefícios financeiros diretos e flexibilidade operacional.

Vantagens da concentração: conhecimentos especializados, agilidade na tomada de decisões e acesso a financiamentos específicos.

• Redes e consórcios de empresas

Partilhar recursos e conhecimentos: partilhar custos e riscos, bem como conhecimentos técnicos e comerciais.

Criar sinergias: colaboração estratégica para ampliar as oportunidades de negócio e reforçar a inovação aberta.

V. Proteção de patentes - Quadro jurídico :

O quadro jurídico das patentes é essencial para proteger e promover a inovação. Define os princípios fundamentais, os direitos e as responsabilidades dos titulares de patentes e estabelece os mecanismos de proteção associados. Este capítulo explora os principais aspectos do regime jurídico das patentes, abrangendo os princípios fundamentais, as funções e responsabilidades dos titulares, a proteção dos direitos de propriedade intelectual e os desenvolvimentos legislativos em resposta aos avanços tecnológicos.

V.1. Princípios fundamentais do direito das patentes :

O sistema jurídico das patentes baseia-se em princípios essenciais que determinam a elegibilidade de uma invenção para proteção por patente. Estes princípios garantem que as patentes só são concedidas a invenções que representem verdadeiros avanços tecnológicos e tenham um potencial industrial tangível.

V.1.1. Novidade, atividade inventiva e aplicabilidade industrial :

• **Novidade:** Uma invenção deve ser nova, ou seja, não deve ter sido divulgada ao público antes da data de apresentação do pedido de patente. Este princípio garante que as patentes protegem inovações inéditas.

• **Atividade inventiva:** A invenção deve implicar uma atividade inventiva que não seja óbvia para uma pessoa especializada no domínio técnico em causa. Isto significa que a invenção deve representar uma verdadeira contribuição criativa em relação ao estado da técnica existente.

• **Aplicabilidade industrial:** A invenção deve ser suscetível de aplicação industrial, o que significa que deve poder ser utilizada num sector económico. Este princípio garante que as patentes são concedidas a invenções que têm potencial para uma utilização prática e comercial.

V.1.2. Proteger as invenções e estimular a inovação :

Os princípios fundamentais do sistema jurídico de patentes incentivam a inovação, oferecendo uma sólida proteção jurídica aos inventores:

• **Incentivos à investigação e ao desenvolvimento:** As patentes oferecem exclusividade temporária, incentivando os inventores a investir em I&D.

• **Proteção contra a cópia e a exploração não autorizadas:** As patentes dão aos inventores o direito de proibir a utilização não autorizada da sua invenção, protegendo assim os seus esforços e investimentos.

• **Divulgação de conhecimentos técnicos:** As patentes exigem a divulgação dos pormenores técnicos da invenção, o que contribui para a divulgação do conhecimento e do progresso tecnológico.

• **Estimular a inovação contínua:** A duração limitada das patentes incentiva os inventores a continuarem a inovar para manterem a sua vantagem competitiva.

V.2. Funções e responsabilidades dos titulares de licenças :

Os titulares de patentes desempenham um papel crucial enquanto detentores de direitos exclusivos sobre as suas invenções. O quadro jurídico confere-lhes direitos importantes, mas também lhes impõe responsabilidades significativas.

V.2.1. Direitos dos titulares de patentes :

• **Direitos exclusivos de exploração:** Os titulares de patentes têm o direito exclusivo de explorar a sua invenção, o que lhes permite controlar a sua comercialização e proibir qualquer utilização não autorizada por terceiros.

• **Dever de divulgação:** Em troca deste direito exclusivo, os titulares de patentes devem divulgar os pormenores técnicos da sua invenção no pedido de patente, facilitando assim a divulgação do conhecimento.

• **Manutenção dos direitos de propriedade intelectual:** Os titulares de patentes devem assegurar o pagamento de taxas de manutenção para manter os seus direitos sobre a patente durante todo o seu período de validade.

V.2.2. Benefícios e responsabilidades dos titulares de patentes :

• **Benefícios:** Os titulares beneficiam de proteção jurídica, do reconhecimento oficial da sua inovação e do potencial para gerar rendimentos através da exploração direta ou do licenciamento.

• **Responsabilidades:** Devem revelar os pormenores técnicos da sua invenção, respeitar os direitos de propriedade intelectual de terceiros e manter os seus direitos em conformidade com os requisitos legais.

V.3. Proteção e duração dos direitos de propriedade intelectual :

As patentes oferecem proteção jurídica limitada no tempo, permitindo que os inventores lucrem com as suas invenções, promovendo simultaneamente o progresso tecnológico.

V.3.1. Mecanismos de proteção dos direitos de propriedade intelectual :

• **Direito exclusivo de exploração:** As patentes conferem um monopólio temporário sobre a exploração da invenção, garantindo aos seus titulares uma vantagem competitiva.

• **Proteção contra a contrafação:** As patentes oferecem proteção contra a utilização não autorizada da invenção e os titulares de patentes podem intentar acções judiciais contra os falsificadores.

• **Transferência de direitos de propriedade intelectual**: Os titulares podem ceder ou licenciar as suas patentes a terceiros, permitindo que a invenção seja explorada por terceiros em troca de royalties.

V.3.2. Duração da proteção da patente e requisitos de renovação :

• **Prazo de proteção:** Em geral, as patentes são protegidas durante 20 anos a partir da data de registo. Durante este período, os titulares de patentes têm o direito exclusivo de explorar a sua invenção.

• **Requisitos de renovação:** Os titulares de patentes devem pagar taxas de manutenção a intervalos regulares para manter a validade da sua patente. O não pagamento destas taxas pode resultar na perda dos seus direitos exclusivos.

V.4. Quadro legislativo da Lei 17.97 (Marrocos) :

A Lei 17.97 sobre a proteção da propriedade industrial, alterada pela Lei 31.05, constitui o quadro jurídico que rege as patentes em Marrocos. Esta legislação foi concebida para oferecer aos inventores uma proteção adequada e incentivar a inovação.

V.4.1. Panorama da legislação :

• **Procedimento de registo de patentes:** a legislação define as regras para o registo de pedidos de patentes, os critérios de patenteabilidade e os procedimentos de registo.

• **Prazo de proteção:** O prazo de proteção é geralmente fixado em 20 anos, com requisitos de renovação para manter os direitos de patente.

• Direitos e obrigações dos titulares: Os titulares gozam de direitos exclusivos, mas devem também respeitar certas obrigações, como a divulgação técnica e o respeito pelos direitos de terceiros.

V.4.2. Alterações para ter em conta a evolução tecnológica :

• Extensão da patenteabilidade: A legislação pode ser adaptada para incluir novos domínios tecnológicos, como a biotecnologia e a inteligência artificial.

• Adaptação dos critérios de patenteabilidade: Podem ser feitas alterações para refletir melhor as actuais necessidades de inovação, especialmente em domínios emergentes.

• Reforço dos direitos: Podem ser introduzidas medidas adicionais para proteger os titulares de patentes contra a contrafação e para facilitar o registo e a renovação de patentes.

VI. Avaliação do valor económico de uma carteira de patentes :

VI.1. Definições :

• Carteira de patentes: Uma carteira de patentes representa o conjunto das patentes detidas por uma entidade, quer seja um indivíduo ou uma empresa. A gestão optimizada desta carteira, combinada com uma análise comparativa com outras empresas, permite determinar o valor económico das patentes e manter uma vantagem competitiva. Ajuda também a identificar oportunidades e ameaças, como a expansão de novos mercados ou o surgimento de tecnologias alternativas. Ao acompanhar a evolução do mercado, torna-se possível ajustar a estratégia para maximizar o valor da carteira de patentes.

• Valor de uma patente: O valor de uma patente reside no potencial benefício económico que a sua exploração pode gerar. O titular de uma patente pode utilizá-la para proteger os seus produtos ou conceder licenças, gerando assim rendimentos. O valor de uma patente varia de acordo com a finalidade para a qual é valorizada e com o utilizador da invenção. Por exemplo, o valor de uma patente será diferente consoante faça parte dos activos de uma empresa em dificuldade ou seja valorizada como parte das actividades de produção em curso. Não terá o mesmo valor para um banco, que poderia ser obrigado a revendê-la, do que para um ator do mercado que já dispõe dos meios de produção necessários.

Para além do seu valor financeiro, uma patente tem um valor não monetário. Pode, por exemplo, melhorar a imagem de marca de uma empresa. A obtenção de uma patente pode também aumentar a reputação do inventor e estimular a inovação.

VI.2. **Avaliação de patentes :**

Na avaliação de uma patente, é crucial considerar não só a patente como um direito exclusivo, mas também a tecnologia subjacente, bem como a capacidade de uma empresa para explorar os seus activos complementares (ou seja, a sua capacidade para comercializar a invenção). Embora seja teoricamente desejável avaliar cada patente individualmente, isto pode ser difícil na prática, especialmente quando se trata de patentes interdependentes. Em muitos casos, é preferível avaliar grupos de patentes em vez de cada patente individualmente.

VI.2.1. **Razões para avaliar as patentes :**

Diversos factores internos e externos podem justificar a necessidade de determinar o valor de uma patente.

Quadro 4.1. Factores internos e externos no valor de uma patente.

Factores internos	Factores externos
Otimizar os custos de uma carteira de patentes Alinhamento da estratégia de patentes com a estratégia empresarial global Remuneração dos inventores	Financiamento Licenciamento Fusões e aquisições Contabilidade (IAS 38) Avaliação em processos de execução (insolvência, indemnizações)

VI.2.2. **Indicadores do valor de uma patente :**

A investigação identificou vários indicadores que podem ser utilizados para avaliar o valor de uma patente. O número de citações, ou seja, de referências a uma patente em documentos posteriores, é frequentemente considerado como um indicador convincente do seu valor. A análise destas referências revela uma rede de ligações, designada por "rede de documentos de patentes". patentes citadas", utilizada para efeitos de avaliação. O número de citações de uma patente indica a sua importância científica e, por conseguinte, o seu valor.

Outros indicadores de valor incluem :

• A dimensão da família da patente ;

• A duração da patente ;

• O resultado das oposições apresentadas contra a patente ;

• O número e a qualidade dos pedidos de indemnização ;

* Domínio de aplicação;

* Potencial comercial ;

* Histórico de litígios.

Estes factores, ou "indicadores de valor", podem influenciar positiva ou negativamente o valor de uma patente, tal como caraterísticas como a localização, o número de divisões ou a proximidade de escolas influenciam o valor de uma casa.

VI.3. Avaliar o valor de uma patente - Principais critérios a considerar :

Os métodos de avaliação de patentes para fins comerciais podem ser divididos em dois grupos: métodos quantitativos e métodos qualitativos. Os métodos quantitativos têm por objetivo calcular o valor monetário de uma patente ou de uma carteira de patentes e dividem-se em três categorias:

* **Método dos custos:** Este método analisa os custos necessários, internos ou externos, para desenvolver uma invenção semelhante e obter a patente correspondente. É geralmente utilizado em contabilidade.

* **Método de mercado:** Estes métodos avaliam as patentes comparando-as com os preços obtidos em transacções recentes comparáveis. Exigem um mercado ativo, trocas comparáveis de propriedade intelectual entre duas partes independentes e um acesso suficiente à informação sobre os preços dessas transacções.

* **Método do rendimento:** Os métodos de rendimento medem as receitas que uma patente pode gerar. O valor atual da patente é calculado com base nas receitas futuras esperadas (menos juros).

Os três métodos têm as suas vantagens e desvantagens. É essencial determinar, caso a caso, qual é o mais adequado. Por conseguinte, recomendamos que consulte sempre advogados e peritos na matéria.

VI.3.1. Avaliação qualitativa :

A avaliação quantitativa fornece uma estimativa do valor monetário de uma patente, mas pode não ser suficiente para formular recomendações estratégicas. A avaliação qualitativa leva esta análise um pouco mais longe, destacando os pontos fortes e fracos da patente e estimando os vários factores envolvidos. Por exemplo, uma avaliação quantitativa pode afirmar que "a patente vale 50.000 euros", enquanto uma avaliação qualitativa pode concluir que "a patente protege uma tecnologia de importância estratégica para um mercado promissor; a sua proteção pode ser implementada eficazmente, mas é ainda necessário um investimento significativo". Os métodos de avaliação qualitativa são principalmente utilizados para a gestão interna de patentes. São particularmente úteis para comparar, classificar e dar prioridade às patentes dentro de uma carteira ou em relação às patentes dos concorrentes. Podem também ser utilizados para avaliar os riscos e as oportunidades associados às patentes.

VI.3.1. Os diferentes métodos quantitativos de avaliação das patentes :

Quadro 4.2: Métodos quantitativos de avaliação de patentes

Método	Descrição
Orientado para os custos :	
(1) Custos históricos	Soma dos custos necessários para gerar a patente.
(2) Custos de reprodução	Todas as despesas necessárias à sua reprodução.
Orientado para o mercado :	
(3) Preço de mercado num mercado ativo	Avaliação de patentes baseada exclusivamente no montante que estaria disposto a pagar num mercado aberto.
(4) Métodos de analogia	Valor da patente de um análogo conhecido no mercado.
(5) Valor econométrico	Contribuição marginal para o valor de mercado da patente, geralmente determinada econometricamente.
Orientado para o rendimento :	
(6) Previsão dos fluxos de caixa	Valor monetário baseado em fluxos de caixa diretamente calculáveis.
(7) Analogia dos preços das licenças	Valor pecuniário baseado nos pagamentos de licenças (análogo).
(8) método da prestação complementar	Valor monetário baseado na diferença em relação a uma empresa fictícia sem proteção de patentes.
(9) método do valor residual	Valor pecuniário baseado nos pagamentos após subtração dos custos comerciais pro forma.
Outros métodos de avaliação de patentes :	
Orientado para o lucro :	
(10) Regra dos 25%	25% da margem bruta antes ou depois de impostos.
(11) Participação nos lucros	Valor sob a forma de licenças em fração (%) do lucro.
Centrado no valor futuro:	
(12) Fator tecnológico	Valor monetário para avaliar a contribuição da tecnologia para o fluxo de caixa.
(13) Método das opções reais	Valor em dinheiro baseado no valor das potenciais opções comerciais ao longo do tempo.
(14) Análise da árvore de decisão	Valor monetário que integra decisões futuras em fases predefinidas.
(15) Método de Monte Carlo	Simulação do valor de uma patente com base em sorteios aleatórios.

VII. Panorama do quadro jurídico da proteção internacional de patentes

A proteção internacional de patentes é regida por uma série de tratados, acordos e organizações que facilitam o reconhecimento mútuo dos direitos de propriedade intelectual entre países. Este quadro jurídico tem por objetivo harmonizar as regras e simplificar os procedimentos para os inventores que pretendam proteger as suas inovações em várias jurisdições.

VII.1. A Organização Mundial da Propriedade Intelectual (OMPI) :

A Organização Mundial da Propriedade Intelectual (OMPI) é a agência das Nações Unidas responsável pela promoção da proteção da propriedade intelectual a nível mundial. Desempenha um papel central no desenvolvimento e administração de acordos internacionais de patentes.

VII.1.1. Tratado de Cooperação em matéria de Patentes (PCT) :

O Tratado de Cooperação em matéria de Patentes (PCT) é um dos principais acordos administrados pela OMPI. Permite que os inventores apresentem um único pedido de patente que é válido em mais de 150 países membros, simplificando o processo de pedido de patente internacional.

• **Procedimento unificado:** O PCT permite que os inventores apresentem um único pedido internacional, que é depois examinado por institutos de patentes nacionais ou regionais para obter proteção nos países designados.

• **Relatório de pesquisa internacional:** Após o depósito do pedido, é elaborado um relatório de pesquisa internacional, que fornece uma análise do estado da técnica relevante para a invenção, o que ajuda o inventor a avaliar as perspectivas de concessão de uma patente em diferentes países.

VII.1.2. Tratado de Budapeste :

O Tratado de Budapeste é um acordo administrado pela OMPI que trata do depósito internacional de microrganismos para efeitos de patente. Este tratado simplifica o processo de depósito destes materiais biológicos para os inventores que procuram proteção internacional.

VII.2. **Acordo sobre os Aspectos dos Direitos de Propriedade Intelectual Relacionados com o Comércio (TRIPS):**

O Acordo TRIPS, administrado pela Organização Mundial do Comércio (OMC), estabelece normas mínimas para a proteção dos direitos de propriedade intelectual, incluindo as patentes, que os membros da OMC devem respeitar.

• **Normas mínimas:** O Acordo TRIPS exige que os membros da OMC concedam proteção às invenções em todos os domínios da tecnologia, desde que sejam novas, impliquem uma atividade inventiva e sejam susceptíveis de aplicação industrial.

• **Prazo de proteção:** O acordo estipula que o prazo mínimo de proteção das patentes é de 20 anos a contar da data de apresentação do pedido.

• **Recursos:** O Acordo TRIPS obriga os membros a fornecer recursos legais eficazes contra a violação de patentes e a permitir que os titulares de patentes obtenham uma reparação adequada.

VII.3. **Institutos regionais de patentes :**

Para além dos acordos internacionais, vários institutos regionais de patentes facilitam a apresentação de pedidos de patentes em vários países da região através de um procedimento unificado:

VII.3.1. **Instituto Europeu de Patentes (IEP) :**

O IEP, sediado em Munique, oferece um procedimento centralizado para a concessão de patentes válidas nos Estados membros da Convenção sobre a Patente Europeia (CPE). Uma vez concedida, a patente europeia deve ser validada em cada país membro para entrar em vigor.

• **Procedimento de pedido:** Um pedido de patente pode ser apresentado diretamente ao IEP, onde será examinado para determinar se cumpre os critérios de patenteabilidade.

• **Validação nacional:** Uma vez concedida a patente europeia, esta deve ser validada nos países designados, o que pode incluir a tradução da patente para as línguas oficiais dos países em causa.

VII.3.2. **Organização Africana da Propriedade Intelectual (OAPI):**

A OAPI, com sede em Yaoundé, nos Camarões, é uma organização regional que permite o
registo e a concessão de patentes válidas nos seus 17 Estados membros, principalmente na
África francófona.

N.B. A OAPI oferece um sistema de proteção uniforme, em que uma patente concedida pela
OAPI é automaticamente válida em todos os Estados-Membros, sem necessidade de
validação posterior.

VII.3.3. **Organização Regional Africana da Propriedade Intelectual (ARIPO) :**

A ARIPO, com sede em Harare, no Zimbabué, gere um sistema regional de patentes que
permite aos inventores apresentar um único pedido válido nos países membros,
principalmente na África anglófona.

VII.4. **Harmonização e desafios :**

Apesar dos esforços de harmonização, continuam a existir diferenças entre os sistemas de
patentes nacionais e regionais. Estas diferenças podem estar relacionadas com os critérios de
patenteabilidade, os requisitos de divulgação e os procedimentos de recurso. Os inventores devem
estar cientes destas variações quando procuram proteger as suas invenções a nível internacional.

VII.4.1. **Desafios :**

• **Custo:** A proteção internacional de patentes pode ser dispendiosa devido às taxas de registo,
tradução e manutenção em várias jurisdições.
• **Complexidade jurídica**: As diferenças entre sistemas jurídicos podem tornar complexa a
gestão dos direitos de patente, exigindo conhecimentos especializados para navegar pelos
vários regimes.
• **Litígio internacional:** Os litígios em matéria de patentes podem tornar-se muito complexos
à escala internacional, sobretudo quando estão envolvidas várias jurisdições.

VII.4.2. **Esforços de harmonização :**

As iniciativas internacionais continuam a procurar uma maior harmonização dos sistemas de
patentes, nomeadamente através de tratados como o PCT e o Acordo TRIPS, bem como das
discussões em curso sobre uma patente europeia unitária que ofereceria uma proteção
uniforme em todos os Estados-Membros da UE.

CAPÍTULO 5.
GESTÃO DE LICENÇAS E ACORDOS DE PATENTES

I. Ferramentas de avaliação de patentes :

O valor das patentes depende não só da robustez técnica da invenção, mas também da eficácia com que esta é comunicada aos investidores e parceiros estratégicos. As ferramentas de avaliação desempenham um papel muito importante na atração de interesse, na persuasão das partes interessadas e na facilitação de compromissos financeiros ou estratégicos. Os principais instrumentos de valorização incluem teasers, pitches, apresentações aos investidores e outros métodos avançados. Cada um destes instrumentos tem uma função específica no âmbito do processo de avaliação. O quadro 5.1 apresenta uma panorâmica estruturada de várias ferramentas de avaliação de patentes reconhecidas internacionalmente, destacando os seus objectivos, estruturas, conteúdo essencial e técnicas de apresentação adequadas. Uma das principais vantagens destas ferramentas é a sua capacidade de captar rapidamente o interesse das partes interessadas. Ferramentas como o teaser são concebidas para atrair a atenção desde o início. Ao resumir brevemente os pontos fortes da invenção e as oportunidades que oferece, o teaser desperta a curiosidade, encorajando as pessoas a descobrirem mais sobre a invenção. Estas ferramentas são também poderosas para convencer potenciais investidores e parceiros. O pitch e as apresentações aos investidores demonstram o potencial comercial e as vantagens competitivas da invenção. Ao incorporar análises de mercado detalhadas, projecções financeiras sólidas e uma demonstração clara da viabilidade técnica, estas ferramentas criam confiança e encorajam o compromisso financeiro ou estratégico. Para além da persuasão, as ferramentas de avaliação também facilitam as negociações. Os dados e as projecções apresentados fornecem uma base sólida para discutir os termos de acordos como licenças ou parcerias. Para além disso, estas ferramentas aceleram o processo de decisão dos investidores, fornecendo toda a informação necessária de forma clara e organizada. Este facto pode ser decisivo para obter financiamentos ou compromissos estratégicos em prazos apertados. Desempenham também um papel importante na comunicação e promoção da invenção, seja em conferências, eventos ou em plataformas digitais. A sua capacidade de adaptação a diferentes contextos e de personalização em função do público-alvo torna-as ferramentas versáteis e eficazes. As ferramentas de avaliação de patentes são essenciais para estruturar a oferta, captar o interesse, convencer as partes interessadas e facilitar as negociações, ao mesmo tempo que promovem eficazmente a invenção. A sua utilização estratégica maximiza o valor comercial das patentes e garante o sucesso do mercado a longo prazo.

Tabela 5.1. Alguns instrumentos de avaliação de patentes.

Ferramenta de avaliação	Objetivo	Estrutura	Conteúdo principal	Técnicas de apresentação
Teaser	Captar o interesse rapidamente e gerar discussão.	Resumo conciso e imagens atractivas.	Resumo da invenção Oportunidades de mercado Proposta de valor Apelo à ação	Design visual atrativo Clareza e simplicidade Utilização de produtos não técnica.
Pitch	Convencer rapidamente o público em menos de 10 minutos.	Introdução Problema/Solução de Mercado Modelo de negócio Conclusão	Problema e solução Mercado-alvo e oportunidades Vantagens competitivas Apelo à ação	Narrativa envolvente Utilização de elementos visuais impressionantes Dinamismo e entusiasmo.
Apresentações aos investidores	Fornecer todos os pormenores para autorizar o investimento.	Introdução Análise do mercado Estratégia de marketing Projecções roteiro financeiro	Análise pormenorizada do mercado Projecções financeiras Estratégia de marketing Apelo ao investimento	Demonstração tecnologia viva Respostas exactas às perguntas Plano de emergência.
Resumo executivo	Oferecer uma visão geral mais pormenorizada mais pormenorizado do que o teaser, mas menos longo do que um apresentação completa.	Resumo geral Proposta de valor Estratégia Apelo à ação	Descrição geral da invenção Proposta de valor Estratégia de marketing Apelo à ação	Apresentação clara Utilização de gráficos para ilustrar os pontos-chave.
Plano de negócios	Descrever em pormenor o estratégia empresarial, projecções financeiras e planeamento operacional.	Introdução Análise do mercado Estratégia de marketing Projecções financeiras Plano operacional	Análise exaustiva do mercado Modelo de negócio Plano operacional pormenorizado Projecções financeiras	Utilização de quadros e gráficos Apresentação pormenorizada e organizada.
Demonstração do produto	Ilustrar a invenção e o seu potencial em termos concretos.	Demonstração em direto ou vídeo Apresentação do produto e das suas funções	Apresentação do protótipo ou do produto final Caraterísticas principais Vantagens competitivas	Demonstração interactivaExplicação clara do seu funcionamento Respostas às perguntas técnicas.

II. Tipos de licenças e acordos de propriedade intelectual :

II.1. Definição:

Num acordo de licença, o titular de um direito de propriedade intelectual sobre uma tecnologia concede a um terceiro, em condições específicas, o direito de explorar essa tecnologia num determinado território e durante um determinado período. Contrariamente a uma venda ou a uma cessão, o licenciante conserva a propriedade intelectual da tecnologia e concede apenas um direito de exploração limitado. Tal permite ao licenciante conceder outras licenças a diferentes licenciados para outros mercados geográficos ou sectores de atividade, aumentando assim as suas fontes de receitas. Para além disso, a conclusão de um acordo de licença cria frequentemente uma relação duradoura entre o licenciante e o licenciado, que tem por objetivo a exploração eficaz e rentável da tecnologia. Se a colaboração for bem sucedida, ambas as partes podem ver as suas receitas aumentarem progressivamente em resultado das vendas de produtos que utilizam a tecnologia. As implicações jurídicas e práticas dos acordos de licença diferem consideravelmente das das vendas ou das cessões, e os objectivos comerciais prosseguidos exigem uma atenção especial.

II.2. Diferentes tipos de acordos de licença :

II.2.1. Licenças totais ou parciais :

• **Licença completa:** O titular da licença está autorizado a efetuar todos os tipos de operações previstas (fabrico, venda e/ou utilização) para todas as aplicações possíveis (médicas, agrícolas, marítimas, etc.).

• **Licença parcial:** O licenciado só está autorizado a explorar a tecnologia para certos tipos de utilização ou para certas aplicações. Por exemplo, uma licença parcial para uma patente de processo de fabrico de tintas pode ser concedida apenas para a indústria de chapas metálicas para automóveis, excluindo a sua utilização no sector da construção. Neste caso, as partes devem definir com precisão o âmbito das aplicações e os modos de exploração autorizados.

II.2.2. Licenças exclusivas ou não exclusivas :

• **Licença exclusiva:** O titular da patente compromete-se a não conceder qualquer outra licença para a mesma tecnologia, aplicação ou território, sob pena de incorrer em responsabilidade contratual.

• **Licença não exclusiva:** O titular da patente reserva-se o direito de conceder outras licenças para a mesma tecnologia, aplicação ou território.

II.3. **Diferenças entre um contrato de licença e um contrato de cessão/**

Um contrato de licença e um contrato de cessão são dois tipos de acordos contratuais relativos à propriedade intelectual, como patentes, marcas registadas ou direitos de autor. No entanto, os direitos que concedem diferem consoante o seu objeto.

• **Contrato de licença:** O titular da propriedade intelectual concede a um licenciado o direito de utilizar a sua propriedade sob determinadas condições e limitações. O licenciado pode utilizar a propriedade intelectual durante um período específico e num determinado território, mas não se torna proprietário da propriedade intelectual propriamente dita.

• **Contrato de cessão:** O titular da propriedade intelectual transfere os seus direitos de forma permanente para outra pessoa ou empresa. O cessionário adquire a propriedade plena dos direitos intelectuais e pode utilizar, vender ou licenciar esses direitos a terceiros sem o consentimento do cedente.

III. Negociação e gestão de licenças :

III.1. Definição:

Negociar um contrato de licenciamento de tecnologia é a arte de chegar a um acordo em que o licenciante concede e o licenciado adquire o direito de explorar uma tecnologia em termos acordados. O objetivo é criar uma relação satisfatória e benéfica para ambas as partes. O sucesso da negociação depende do reconhecimento mútuo dos contributos de cada parte e da compreensão das respectivas necessidades e expectativas.

III.2. Fases do processo de negociação :

• **Preparação:** A preparação é crucial para o êxito da negociação. Nesta fase, as partes decidiram que a concessão de licenças é a melhor forma de atingir os seus objectivos comerciais e que a outra parte é o parceiro mais adequado. Uma boa preparação envolve a definição das expectativas, a nomeação de um negociador principal e a redação de um documento que enumere as principais questões comerciais.

• **Discussão:** Durante esta fase, o licenciante destaca as vantagens da sua tecnologia, enquanto o licenciado avalia as informações fornecidas ao abrigo do acordo de confidencialidade. As discussões permanecem gerais, concentrando-se nos benefícios potenciais da tecnologia e na sua relevância para os objectivos do licenciado.

• **Propostas e negociação:** As partes discutem os principais termos e aspectos comerciais da sua potencial relação. Esta fase envolve muitas vezes cedências e concessões, com o objetivo de chegar a um acordo mutuamente satisfatório.

III.3. **Princípios orientadores da negociação :**

• Procurar um resultado mutuamente benéfico.

• Fixar os extremos da sua posição.

• Ter um objetivo elevado mantendo a credibilidade.

• Fazer concessões em variáveis que são pouco dispendiosas mas valiosas para a outra parte.

III.4. **Contrato de licença e cláusulas principais :**

As cláusulas essenciais do contrato de licença incluem os aspectos jurídicos, o objetivo do contrato, o território e a exclusividade, a propriedade e a exploração dos melhoramentos, a confidencialidade e a não concorrência, as royalties e os montantes fixos, bem como a duração do contrato. Um contrato bem redigido garante uma parceria duradoura e minimiza os riscos para ambas as partes.

IV. **Acordo de propriedade intelectual :**

IV.1. **Definição:**

Um acordo de propriedade intelectual é um contrato formal que estabelece os termos e as obrigações das partes relativamente à utilização, comercialização e proteção dos direitos de propriedade intelectual. Tais acordos podem incluir acordos de licenciamento, cessões, acordos de não divulgação, acordos de investigação e desenvolvimento conjuntos e outras formas de colaboração que envolvam a partilha ou exploração de propriedade intelectual.

IV.2. **Tipos de acordos :**

Existem vários tipos de acordos de propriedade intelectual, consoante o objetivo comercial e as necessidades das partes:

• **Contrato de licença:** Acordo pelo qual uma parte (o licenciante) concede a outra (o licenciado) o direito de utilizar uma propriedade intelectual específica sob determinadas condições.

• **Contrato de cessão:** Transferência permanente de direitos de propriedade intelectual de uma parte para outra.

• **Acordo de não divulgação (NDA) :** Acordo destinado a proteger as informações confidenciais trocadas entre as partes.

• **Acordo de investigação e desenvolvimento conjunto:** Colaboração entre as partes para desenvolver novas tecnologias, com partilha dos direitos de propriedade intelectual resultantes da investigação.

IV.3. **Importância dos acordos de propriedade intelectual :**

Estes acordos são cruciais para proteger as inovações, clarificar os direitos e obrigações das partes e garantir a exploração comercial segura e vantajosa das tecnologias. Estabelecem as bases jurídicas necessárias para evitar litígios e garantem que cada parte beneficia de forma justa do acordo.

IV.4. **Cláusulas-chave dos acordos**

As cláusulas típicas dos acordos de propriedade intelectual incluem :

• **Definição de direitos:** Especificação dos direitos concedidos ou transferidos.

• **Duração e renovação :** Período durante o qual o acordo está em vigor e condições de renovação.

• **Confidencialidade:** Proteção das informações sensíveis trocadas.

• **Royalties e pagamentos :** Condições financeiras relativas à utilização da propriedade intelectual.

• **Resolução de litígios:** Procedimentos a adotar em caso de desacordo ou de violação do acordo.

CAPÍTULO 6

**VALORIZAÇÃO DAS PATENTES: QUESTÕES SOCIETAIS, POLÍTICAS E
ECONÓMICAS**

I. Os desafios societais da exploração de patentes :

A avaliação das patentes é muito mais do que um simples processo económico destinado a maximizar os lucros dos inventores ou das empresas. Insere-se num quadro mais vasto em que as implicações sociais, éticas e mesmo culturais desempenham um papel central. As patentes, enquanto instrumentos de proteção da propriedade intelectual, conferem aos seus titulares um monopólio temporário sobre a exploração das suas invenções. Este monopólio, embora essencial para incentivar a inovação, levanta questões cruciais sobre o seu impacto na sociedade em geral. As patentes podem criar barreiras ao acesso a novas tecnologias, particularmente em áreas críticas como a saúde, o ambiente e a agricultura. No sector farmacêutico, por exemplo, as patentes de medicamentos essenciais podem limitar o acesso das pessoas aos tratamentos necessários, especialmente nos países em desenvolvimento. Esta situação levanta grandes dilemas éticos: como conciliar a necessidade de recompensar os inovadores e, ao mesmo tempo, garantir que os avanços tecnológicos beneficiem o maior número de pessoas? O equilíbrio entre o direito dos inventores a serem remunerados pelas suas descobertas e o direito das pessoas a acederem a essas inovações é delicado e exige uma análise cuidadosa. Além disso, a exploração de patentes pode exacerbar as desigualdades económicas e sociais. Os países desenvolvidos, que dispõem de maiores recursos financeiros, tecnológicos e jurídicos, estão frequentemente mais bem equipados para tirar partido dos sistemas de patentes. Isto permite-lhes reforçar a sua liderança tecnológica, enquanto os países em desenvolvimento, que não dispõem dos mesmos recursos, podem ver-se marginalizados. Esta dinâmica reforça as disparidades económicas globais, criando um fosso tecnológico entre nações ricas e pobres. As lacunas no acesso às patentes podem também limitar o desenvolvimento local de tecnologias adaptadas às necessidades específicas dos países em desenvolvimento, reforçando a sua dependência de tecnologias estrangeiras. Em muitos casos, as patentes são registadas por grandes empresas que, embora invistam em investigação e desenvolvimento, dependem frequentemente dos conhecimentos tradicionais ou de descobertas resultantes da investigação pública. As comunidades aborígenes, por exemplo, possuem conhecimentos ancestrais que podem ser explorados para fins comerciais. Quando estes conhecimentos são patenteados sem consentimento prévio ou

60

sem que as comunidades em causa beneficiem, tal pode conduzir a formas de exploração e espoliação. Por conseguinte, a proteção das patentes deve ser concebida de modo a respeitar os direitos das comunidades locais e a garantir uma distribuição justa dos benefícios. A utilização de patentes também coloca desafios em termos de sustentabilidade e responsabilidade ambiental. As inovações tecnológicas patenteadas podem ter impactos ambientais consideráveis. Na agricultura, por exemplo, as patentes de sementes geneticamente modificadas (OGM) deram origem a debates sobre os seus efeitos a longo prazo na biodiversidade e na segurança alimentar. Do mesmo modo, no sector industrial, certas tecnologias patenteadas podem contribuir para a poluição ou o esgotamento dos recursos. naturais. Por conseguinte, é crucial que a avaliação das patentes incorpore considerações de sustentabilidade, incentivando inovações que não só ofereçam benefícios económicos, mas que também respeitem o ambiente e os recursos naturais. O papel dos governos e das organizações internacionais é essencial para enfrentar estes desafios societais. As políticas públicas devem procurar equilibrar os interesses dos inventores com os da sociedade no seu conjunto. Isto pode ser conseguido através de mecanismos de licenciamento obrigatório nos casos em que as patentes são consideradas essenciais para o interesse público, como no caso dos medicamentos que salvam vidas. Além disso, podem ser criados incentivos para encorajar as patentes nos domínios da inovação sustentável e da tecnologia verde. Os governos podem também apoiar iniciativas de transferência de tecnologia para os países em desenvolvimento, a fim de reduzir as desigualdades globais no acesso à inovação. As organizações internacionais, como a Organização Mundial da Propriedade Intelectual (OMPI), desempenham um papel fundamental na definição das regras que regem as patentes a nível mundial. Podem promover práticas de patentes mais justas e incentivar a colaboração entre países para enfrentar desafios globais como as alterações climáticas ou as pandemias. O quadro jurídico internacional deve evoluir para ter em conta os novos desafios colocados pela utilização de patentes num mundo cada vez mais interligado. É igualmente crucial promover uma cultura de inovação inclusiva. Isto significa que os processos de registo de patentes devem ser transparentes e acessíveis a todas as partes interessadas na inovação, incluindo as pequenas empresas, os investigadores independentes e as comunidades locais. A educação e a sensibilização para o sistema de patentes são essenciais para permitir que mais pessoas protejam e explorem as suas inovações. Além disso, as parcerias público-privadas podem desempenhar um papel fundamental no desenvolvimento de inovações que satisfaçam as necessidades sociais e ambientais. Por último, é importante sublinhar que a exploração de patentes deve ser vista não só como um instrumento de lucro, mas também como uma alavanca para o progresso social. As inovações patenteadas têm o potencial de transformar vidas, resolver problemas globais e contribuir para o desenvolvimento sustentável. No entanto, para que estas inovações atinjam todo o seu potencial, devem ser integradas num quadro ético e social que valorize não só os inventores, mas a sociedade no seu conjunto.

II. Os desafios políticos da avaliação das patentes :

II.1. Estratégias governamentais para a exploração de patentes :

Marrocos adoptou um conjunto de políticas arrojadas destinadas a promover a utilização de patentes e a estimular o espírito empresarial. Estas medidas centram-se no apoio à investigação e ao desenvolvimento, na promoção da transferência de tecnologia, no financiamento de patentes e na formação e sensibilização das partes interessadas. As políticas O sector público desempenha um papel essencial para facilitar a transformação das inovações em produtos comercializáveis, reforçando simultaneamente a competitividade das empresas marroquinas no mercado mundial.

II.2. Apoio à investigação, ao desenvolvimento e à transferência de tecnologia:

O progresso tecnológico e a partilha de conhecimentos são motores fundamentais da inovação. Marrocos apoia ativamente esta dinâmica através do financiamento de projectos de investigação e desenvolvimento, facilitando ao mesmo tempo a transferência de tecnologia entre instituições académicas e empresas. Programas como o PACT ESRI 2030 testemunham esta ambição, reforçando as capacidades de investigação e assegurando a exploração dos resultados científicos através do registo e exploração de patentes.

II.3. Financiamento e desenvolvimento de patentes :

Para incentivar a valorização das patentes, Marrocos oferece vários mecanismos de financiamento através de instituições como a ANPI, o Fundo Hassan II e o Centro de Investigação e Inovação Tecnológica (CRIT). Estas iniciativas, reforçadas pelo IP Marketplace da OMPIC, permitem aos inventores e às empresas aceder a recursos financeiros e maximizar a gestão dos seus activos intelectuais. O aumento dos programas de financiamento actua como um motor para a comercialização de inovações patenteadas.

II.4. Formação e sensibilização em matéria de propriedade intelectual :

A formação e a sensibilização são cruciais para otimizar a utilização das patentes. Marrocos está a implementar programas educativos para informar melhor os inovadores sobre o processo de registo de patentes e a importância de proteger a propriedade intelectual. Estas iniciativas têm por objetivo reforçar a compreensão dos direitos de propriedade intelectual, estimular a inovação e promover uma cultura de respeito pelas patentes. Graças a uma maior sensibilização, os agentes económicos estão mais bem preparados para proteger as suas invenções e explorar plenamente as suas inovações no mercado.

III. A economia das patentes :

As patentes desempenham um papel central na economia global como instrumentos de proteção da inovação e da propriedade intelectual. Permitem que os inventores e as empresas protejam as suas invenções contra a utilização não autorizada, ao mesmo tempo que lhes oferecem a oportunidade de obterem benefícios económicos do seu trabalho criativo. As implicações económicas das patentes são vastas e abrangem vários aspectos, desde o incentivo à inovação até à melhoria da competitividade das empresas, sem esquecer o seu papel no crescimento económico das nações. Neste contexto, é essencial compreender como as patentes influenciam a economia e os vários desafios e oportunidades que apresentam.

III.1. As patentes como incentivo à inovação :

Um dos principais desafios económicos das patentes é o seu papel no incentivo à inovação. Ao conceder um monopólio temporário sobre a exploração de uma invenção, as patentes oferecem aos inventores a oportunidade de recuperar os seus custos de investigação e desenvolvimento (I&D) e de obter lucros. Sem a proteção oferecida pelas patentes, as empresas e os inventores poderiam ser desencorajados a investir na inovação, por receio de que as suas ideias fossem copiadas e exploradas pelos concorrentes sem compensação. Este mecanismo não só incentiva a inovação, como também ajuda a manter uma dinâmica económica em constante evolução, encorajando o desenvolvimento de novas tecnologias e soluções. As patentes, enquanto incentivos económicos, são particularmente importantes em sectores de I&D intensiva, como os produtos farmacêuticos, a biotecnologia e a eletrónica. Nestas indústrias, os custos de desenvolvimento de novos produtos podem ser extremamente elevados e a proteção de patentes é muitas vezes essencial para justificar o investimento. Por exemplo, o desenvolvimento de um novo medicamento pode custar milhares de milhões de dólares e, sem uma patente, a empresa farmacêutica pode não conseguir recuperar esse investimento.

III.2. **Competitividade empresarial e vantagem competitiva :**

As patentes são também instrumentos estratégicos para reforçar a competitividade de uma empresa. Ter uma carteira de patentes bem gerida pode dar a uma empresa uma vantagem competitiva significativa, permitindo-lhe monopolizar a exploração de certas tecnologias. Isto pode não só limitar a concorrência direta, mas também abrir caminho a rendimentos adicionais através da concessão de licenças ou da venda de patentes. As empresas utilizam frequentemente as suas patentes como alavanca em negociações comerciais, quer para garantir parcerias, aceder a novos mercados ou proteger a sua posição dominante num mercado existente. Um exemplo clássico são as empresas de tecnologia que utilizam as suas patentes para formar alianças estratégicas ou acordos de licenciamento cruzado com outras empresas. Isto permite-lhes partilhar os riscos e maximizar os benefícios da exploração de novas tecnologias. As patentes podem também ser utilizadas para dissuadir os concorrentes de entrarem no mercado. A ameaça de uma ação judicial por violação de patente pode ser suficiente para desencorajar um concorrente de lançar um produto semelhante, protegendo assim a quota de mercado da empresa que detém a patente. Esta barreira à entrada é um aspeto crucial das estratégias comerciais em sectores competitivos.

III.3. **Contribuição para o crescimento económico :**

As patentes contribuem diretamente para o crescimento económico de um país, estimulando a inovação e encorajando o investimento em I&D. Os países com sistemas de patentes eficientes e bem regulamentados têm mais facilidade em atrair investimento estrangeiro, uma vez que as empresas têm a garantia de que as suas inovações serão protegidas. Nas economias em desenvolvimento, a proteção das patentes pode desempenhar um papel fundamental na facilitação da transferência de tecnologia. As empresas multinacionais são mais propensas a partilhar as suas tecnologias patenteadas com empresas locais se estiverem confiantes de que os seus direitos de propriedade intelectual serão respeitados. Esta transferência de tecnologia pode acelerar o desenvolvimento industrial e económico, aumentando simultaneamente a competitividade das empresas locais no mercado global. No entanto, a contribuição das patentes para o crescimento económico não está isenta de desafios. As economias precisam de encontrar um equilíbrio entre a proteção dos direitos dos inventores e a difusão da inovação. Uma proteção excessiva das patentes pode dificultar a concorrência e abrandar o progresso tecnológico, enquanto uma proteção insuficiente pode desencorajar a inovação.

IV. Oportunidades e desafios da exploração de patentes:

IV.1. Oportunidades ligadas à disponibilidade de patentes :

O exemplo das patentes de células de combustível de hidrogénio da Toyota é uma ilustração perfeita das nuances e implicações estratégicas subjacentes à disponibilização pública das patentes. A Toyota, tendo investido maciçamente na investigação e desenvolvimento desta tecnologia, surpreendeu muitos observadores ao tornar as suas patentes acessíveis. Este movimento aparentemente contra-intuitivo levanta questões sobre os motivos da empresa. Por que razão um construtor automóvel, depois de ter afetado recursos colossais a uma inovação, decide partilhar as suas descobertas em vez de as explorar exclusivamente? A exploração direta destas patentes no domínio dos automóveis eléctricos parece ser uma opção arriscada, especialmente se considerarmos as palavras do CEO da Tesla, Elon Musk, que descreveu a utilização do hidrogénio como fonte de energia para os veículos como "a pior solução". Musk salienta que a produção de hidrogénio é energeticamente dispendiosa e que o armazenamento deste gás, devido à sua baixa densidade, também coloca sérios problemas. Assim, embora a opção de explorar estas patentes para os veículos eléctricos seja tentadora, não parece ser o caminho mais sensato, mas está a surgir outra abordagem: A inovação aberta. Este conceito, que está a tornar-se cada vez mais popular, propõe a utilização da inovação desenvolvida por uma entidade em contextos ou mercados diferentes dos inicialmente previstos. Em vez de centrar a utilização da tecnologia das pilhas de hidrogénio apenas nos veículos, este conhecimento poderia ser reutilizado noutros sectores ou noutras aplicações industriais. Desta forma, a inovação aberta incentiva a colaboração intersectorial, em que as ideias e as tecnologias atravessam as fronteiras tradicionais para criar novas oportunidades.

IV.2. **A OMPIC e a evolução das patentes em Marrocos :**

No âmbito da promoção da inovação em Marrocos, o Office Marocain de la Propriété Industrielle et Commerciale (OMPIC) lançou uma iniciativa importante: a plataforma "IPmarketplace". Lançada no Dia Nacional da Indústria, esta plataforma digital visa promover as patentes a nível nacional e estabelecer parcerias mutuamente benéficas entre empresas industriais e outros agentes de desenvolvimento económico.

"A IPmarketplace distingue-se pela sua ambição de fazer da propriedade industrial uma alavanca para uma economia marroquina mais produtiva, inovadora e inclusiva. Ao oferecer acesso a um conjunto de 50 projectos inovadores baseados em patentes de livre exploração em Marrocos, a plataforma abre caminho a investimentos potenciais de 900 milhões de dirhams e à criação de 2.500 postos de trabalho. Esta iniciativa é um exemplo concreto de como a partilha de recursos intelectuais pode estimular a inovação e o desenvolvimento económico.

O êxito desta iniciativa reside na capacidade da OMPIC de alinhar os seus objectivos com as necessidades do mercado. Ao oferecer às empresas a oportunidade de explorar as patentes existentes, a plataforma reduz as barreiras à entrada de novas empresas e incentiva a rápida comercialização das inovações. Isto ilustra uma abordagem pragmática da exploração de patentes, em que a tónica é colocada não só na proteção da propriedade intelectual, mas também na sua exploração económica.

IV.3. **Desafios e problemas na avaliação de patentes:**

Embora as patentes sejam inegavelmente um motor de inovação, podem também, paradoxalmente, atuar como um travão a essa mesma inovação. Ao conceder um monopólio temporário sobre uma tecnologia, as patentes podem limitar a utilização dessa tecnologia e, nalguns casos, conduzir a preços mais elevados do que numa situação de mercado competitivo. Este paradoxo é particularmente evidente nos domínios em que a inovação é cumulativa, ou seja, em que cada nova invenção se baseia em descobertas anteriores. Nestes casos, uma patente sobre uma inovação de base pode atrasar ou complicar o desenvolvimento de novas tecnologias, uma vez que os inovadores subsequentes têm de esperar que a patente expire ou obter uma licença, que é frequentemente dispendiosa. Um exemplo histórico são os irmãos Wright, cuja patente sobre o voo motorizado atrasou o desenvolvimento da aeronáutica nos Estados Unidos. Os seus concorrentes, como Glen Curtiss, não puderam explorar imediatamente as suas próprias inovações devido à recusa dos irmãos Wright em conceder uma licença para a sua patente. As patentes são, portanto, uma faca de dois gumes: por um lado, protegem e incentivam a inovação, mas, por outro, podem impedir a divulgação e a rápida evolução das tecnologias. O desafio consiste em encontrar um equilíbrio entre estes dois aspectos, a fim de maximizar o bem-estar social.

IV.3.1. Novos desafios em matéria de patentes :

A evolução tecnológica está a criar novos desafios para o sistema de patentes. A desmaterialização dos produtos e a crescente complexidade das inovações levantam novas questões. Por exemplo, embora as ideias abstractas e os fenómenos naturais não sejam, em geral, patenteáveis, os avanços na biotecnologia e na informática alargaram os limites do que pode ser protegido por patente. Existem também diferenças internacionais, como ilustrado pela proteção dos organismos geneticamente modificados, que é patenteável nos Estados Unidos desde 1980, mas só foi introduzida em França em 2004. Os produtos modernos, nomeadamente no domínio da eletrónica, baseiam-se muitas vezes em centenas ou mesmo milhares de patentes, criando um emaranhado complexo conhecido como "patent thicket". "matagal de patentes". Para um inovador, navegar nesta paisagem pode ser difícil, uma vez que tem de obter licenças para cada componente, o que pode tornar a inovação não rentável. As grandes empresas contornam este problema construindo vastas carteiras de patentes e celebrando acordos de licenciamento cruzado. Outro desafio é o aparecimento de "trolls de patentes" ou NPEs (Non-Practising Entities). Estas entidades não produzem nada, mas adquirem patentes com o único objetivo de cobrar royalties ou iniciar um processo judicial. A sua atividade pode ser extremamente lucrativa, mas asfixia a inovação ao desviar recursos para batalhas legais dispendiosas.

IV.3.2 Necessidade de desenvolver o sistema:

Perante estes desafios, muitos apelam a uma reforma do sistema de patentes. Um sistema eficiente deveria limitar o número de patentes concedidas a inovações com elevados custos de inovação, baixos custos de imitação e procura inelástica. No entanto, com a crescente complexidade dos produtos e o aumento do número de pedidos de patentes, os institutos de patentes estão sob pressão crescente. O congestionamento do processo de exame pode levar à concessão de patentes a inovações que não cumprem os critérios de novidade e inventividade.

A evolução do sistema de patentes deve ter em conta estas realidades em mutação, se quiser continuar a incentivar a inovação, evitando simultaneamente barreiras desnecessárias à difusão tecnológica. Uma reforma bem pensada poderia equilibrar a necessidade de proteção dos inventores com a necessidade de promover um ambiente competitivo e inovador.

More
Books!

info@omniscriptum.com
www.omniscriptum.com
OMNIScriptum

Printed by Books on Demand GmbH, Norderstedt / Germany